大气金属层的观测与研究

荀宇畅　著

东北大学出版社

·沈　阳·

图书在版编目（CIP）数据

大气金属层的观测与研究 / 荀宇畅著. -- 沈阳：
东北大学出版社，2024.8. --ISBN 978-7-5517-3586-5

Ⅰ．P421.3

中国国家版本馆CIP数据核字第20247CP557号

出　版　者：东北大学出版社
　　　　　　地址：沈阳市和平区文化路三号巷11号
　　　　　　邮编：110819
　　　　　　电话：024-83683655（总编室）
　　　　　　　　　024-83687331（营销部）
　　　　　　网址：http://press.neu.edu.cn
印　刷　者：辽宁一诺广告印务有限公司
发　行　者：东北大学出版社
幅面尺寸：170 mm×240 mm
印　　张：12
字　　数：208千字
出版时间：2024年8月第1版
印刷时间：2024年8月第1次印刷
责任编辑：白松艳
责任校对：张　嫒
封面设计：潘正一
责任出版：初　茗

ISBN 978-7-5517-3586-5　　　　　　　　　　定价：58.80元

前　言

　　电离层和中高层大气空间范围交叉，带电成分与中性大气共同经历着复杂的化学和动力学过程，进行成分和能量的输运与反馈。深入理解中性大气–电离层耦合机制对于完善日地系统空间天气耦合链至关重要。流星烧蚀在 $80\sim300$ km 释放的金属原子、离子是中性大气–电离层耦合机制研究很好的示踪物。本书以北京延庆激光雷达系统在中层顶及热层区域观测到的钠原子层、钙原子层、钙离子层、钾原子层的夜变化、季节变化、年际变化规律，以及一些特殊大气现象（突发金属层、热层金属层）的统计及机制分析为基础，介绍了当今大气金属层探测研究的现状与发展趋势，供空间物理学、理论物理学、气象学相关领域科研人员阅读参考。

　　本书所介绍的内容为具有高时空分辨率和高探测灵敏度的激光雷达在北京延庆观测站开展的钠、钾、钙等多种原子和离子探测取得的最新研究成果，为进一步认知大气金属原子、离子与其他成分之间的化学反应过程，电离层等离子体和中高层大气中性成分之间的耦合机制提供观测依据，为未来空间天气的监测、建模、预报服务提供理论支持。

荀宇畅

2024年7月

目　录

第1章 绪 论

1.1 金属层简介

1.1.1 中高层大气与电离层

大气是包裹在地球周围的中性气体和电离气体的总称，由多种气体以及其间悬浮的固态或气态的粒子组成（盛裴轩 等，2003；陈洪滨，2009）。地球大气的结构和动力学是由太阳和地磁活动中辐射、动力学、化学、热力学、电动力学过程相互作用而决定的。距地面60 km以上到磁层顶的高度范围，存在着大量的自由电子和离子，被称为电离层，包括60～90 km的D层、90～140 km的E层和140 km以上的F层（左小敏，2008）。低层大气中主要的关注点是气象学，而空间天气更关注受到太阳和地磁活动共同影响的大气电离层耦合，因此整个大气系统持续受到气象和空间天气共同的影响。如图1.1，左边是中性大气温度随高度的变化，右边是电子密度的垂直分布。由于电离层和中高层大气空间范围的交叉，带电成分与中性大气共同经历着复杂的化学、动力学过程，电离层–中间层/热层的耦合成为热门研究课题。深入理解大气–电离层耦合机制对于更好地解释观测到的大气现象、理解地球气候系统、发展预报能力都至关重要（Wang et al.，2015；Yiğİt et al.，2015，2016）。

75～110 km的区域称作中间层顶/低热层区域（MLT），这一区域是大气和空间的分界，在这一区域之上有太阳电磁辐射、太阳风等高能注入，在这一区域之下有近似相等的能量以重力波、潮汐波、行星波的形式向上传输。由于平流层的O_3对UV辐射的吸收，中间层底部50 km处温度达到最大，然后温度逐渐降低，在MLT区域最低，这一区域以上为热层，主要由于O_2对UV和X-ray辐射的吸收而使温度迅速增加（Plane，1999，2003，2015）。然而这一高度范围却处在卫星遥感和地基无线电设备的探测间隙，成为探测盲区，使得描绘理解空间天气中的电离层–热层耦合系统面临巨大的挑战。直到研究人员发现这一区域分布着金属原子层，以此为示踪物开展的激光雷达观测研究为中高层大气与电离层耦合的研究打开了一扇新的大门。

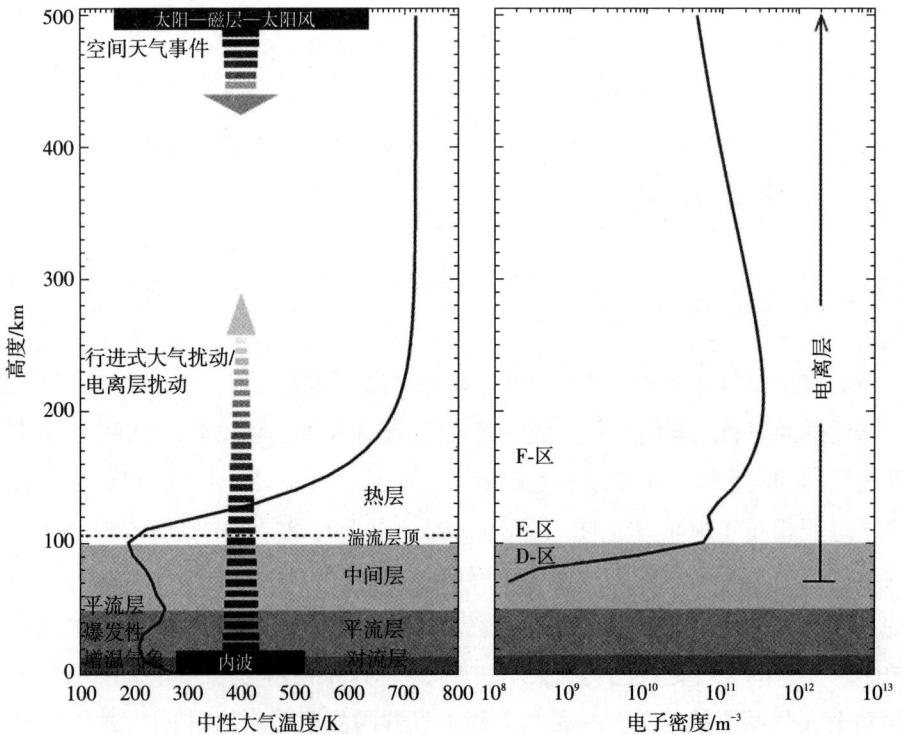

图1.1　大气–电离层的垂直分布结构

1.1.2　中高层大气金属层

每天有 $2 \sim 100$ t 流星物质进入地球大气，其中有一大部分会在中高层大气中烧蚀消融，释放出 Na，K，Li，Fe，Ca，Ca^+，Mg，Ni 等金属原子（Kane et al.，1993）。自1929年Slipher首次发现中高层大气中的钠原子层之后，研究人员陆续利用气辉、激光雷达等对中高层大气中的金属成分进行大量的研究（Gardner et al.，2005；Moussaoui et al.，2010；Yuan et al.，2012；Nozawa et al.，2014）。人们观测发现，金属原子主要出现在 80~105 km 范围内（图1.2），这些金属成分在中高层大气中参与了复杂的化学反应，图1.3展示了钠、铁的化学反应示意图。以钠元素为例，存在着中性钠原子、钠离子、离子化合物（如 NaN_2^+ 等）、中性化合物（如 NaO 等）、粒子聚合物等多种形式，这些含钠成分与高空中的大气成分（O_2，O，H 等）不断反应，钠元素以多种形式来回转换，最后，钠元素被吸附在高层大气的尘埃上，或者形成水合离子团，这就是钠元素的汇。其中较高高度的钠原子容易电离，多以钠离子、离子化合物的形式存在，而在较低高度，多以中性化合物、水合物的形式存在，在 90 km 附近，通常以钠原子的形式存在，因此在 80～105 km 的高度范围得以稳定存在，形成金属原子层（Megie，1988；Plane et al.，2015）。

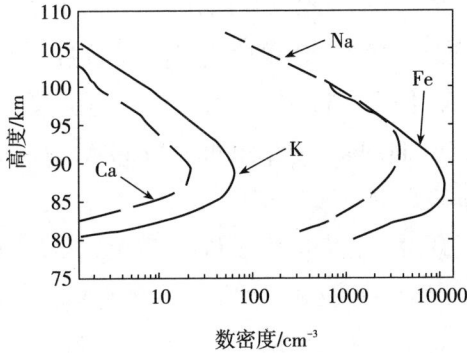

图1.2 中高层大气金属层垂直分布（Megie，1988）

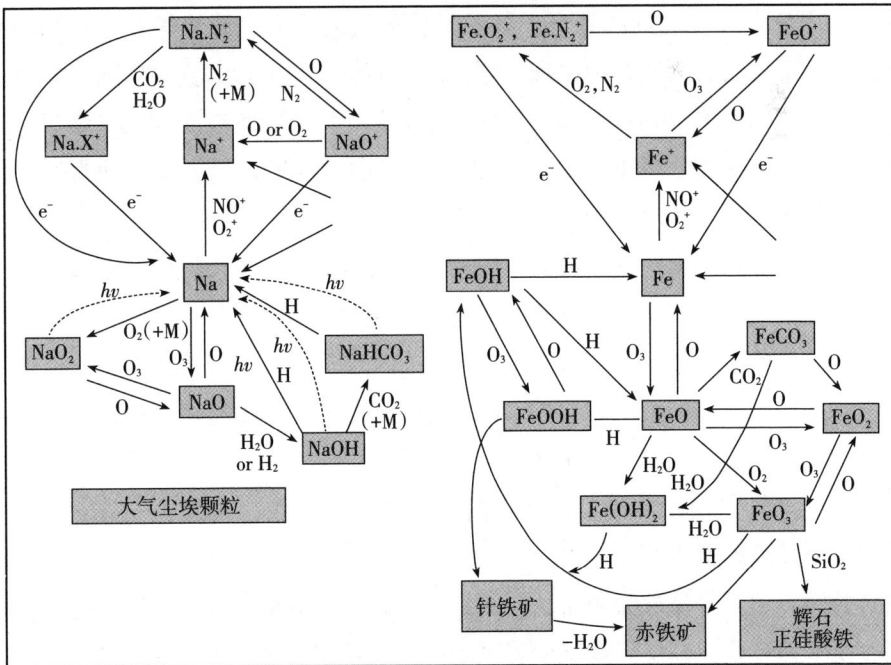

图1.3 中高层大气中钠、铁化学反应示意图（Plane et al.，2015）

但是，金属原子层也会出现一些异常的分布状况，例如观测中发现，钠原子在狭窄高度密度会激增，称之为突发钠层。1978年Clemesha等在圣若泽杜斯坎普斯（23°S，46°W）首次观测到这一特殊现象。之后，在高纬、中纬、低纬地区都利用地基激光雷达观测到了突发钠层现象（Heinselman et al.，1998；Fan et al.，2007；Williams et al.，2007；Simonich et al.，2008；Dou et al.，2010；Tsuda et al.，2011；Takahashi et al.，2015）。其主要分布在90 km以上（Clemesha et al.，1999），通常表现为宽度窄（半峰全宽FWHM通常小于4 km）、密度大（通常为普通金属层的几倍至几十倍）的特殊分布特征（Jiao et al.，2014）。此外，突发钠层的发生频率、高度、密度也存在着明显的季节差异。其形成机制也多与Es层、重力波破碎引起的突然增温、流星注入、水平传播有关（Clemesha et al.，1996；Von ZAHN et al.，1988；Kirkwood et al.，1991；Takahashi et al.，2015）。

对大气金属层的研究，极其有助于认知高层大气特有的物理与化学过程。金属元素在高空中的运动，涉及高层大气的许多基本动力学过程。大气环流对金属原子离子的输运效应，使之出现了复杂的日变化特性；金属离子层受到行星波的影响出现2，5，10，16天等周期性扰动；大气潮汐也给金属层的变化带来了周日潮或半日潮的特点；各种尺度的波动及大气湍流等对金属层的作用，使得金属层的短期行为出现了剧烈的波动特征。所以，大气金属原子离子可以作为"示踪剂"。探测金属原子的密度或者其对应的温度、风场参数，对观测数据进行分析，可以获得高层大气的潮汐、行星、重力波等动力过程信息，加深对高层大气动力学的理解。

同样，金属元素的各种成分间的相互转换也涉及高层大气的许多基本化学反应过程。比如钠中性化合物的光致离解效应就属于光化学反应，还有钠离子与电子复合反应、钠原子与大气成分的化合反应等。所以金属元素也可以作为化学"示踪剂"，通过研究这些反应过程及其与大气环境的相关性，可以了解高层大气的环境变化、大气化学反应特性等。

高层大气密度非常稀薄，所以高层大气重要参数，如风场、温度等的探测，是极其困难的事情。但是一些金属原子，如钠、铁、钾等，有较大的荧光散射截面，相对容易被激光雷达探测到，可以通过测量金属原子谱线的多普勒展宽及平移来获得高层大气温度和风场参数。目前，钠层风温激光雷达已经成为当今世界的中层顶区域（80～110 km）的风场温度探测的主流手段。很多尚未掌握该项技术的国家，如俄罗斯、印度尼西亚等国，正在积极地通过各种渠道来获取该项技术。所以，对大气金属层的研究，也具有极其现实和重要的应用意义。

1.2 本书主要研究内容

第1章绪论部分主要介绍了本书的研究目标——中高层大气金属层的基本概念。

第2章详细地介绍研究热层金属层的理论方法——激光雷达回波信号的反演方法以及影响热层钠层的地磁场、Es层、大气风场、TEC、太阳黑子等数据的采集和处理。

目前，全球范围开展最为普遍的大气金属层的观测是钠原子层。第3章，将介绍钠激光雷达的工作原理及钠层变化特性，包括持续存在的背景钠层的夜变化、季节变化、年际变化以及突发钠层、热层钠层等特殊现象。虽然目前在高纬、低纬、中纬地区对低热层钠层都有报道，但是主要是单个案例的报道，对于低热层钠层的参数和季节变化基本上只是基于1～2年的观测数据，低热层钠层与Es和剪切风的相关性的报道也非常少。这可能的一个原因是低热层钠层出现概率太低，需要大量的数据支撑。所以对于低热层钠层依然认识不足，它是否也存在着规律的季节变化、年变化？与太阳活动是否有相关的变化规律？与Es层、潮汐活动的相关性如何？本书通过中纬度的延庆激光雷达2010—2016年中11607 h的观测数据搜索低热层钠层事件，对其峰值高度、峰值时刻、半高全宽、峰值密度等基本参数以及低热层钠层的季节变化和年变化进行统计研究；结合测高仪数据和CTMT模式研究低热层钠层与Es层、潮汐活动的相关性；利用延庆589 nm和770 nm双波长激光雷达探测结果研究低热层钠层与低热层钾层的相关性；结合与延庆相距237 km的平泉台站观测数据研究低热层钠层的水平空间尺度；并且根据低热层钠层不同的分布特征，讨论了低热层钠层可能的形成机制；目前只看到麦克默多站（南极洲）（77.8°S，166.7°E）、昭和站（69.0°S，39.6°E）、阿雷西博天文台（18.35°N，66.75°W）、薇拉·鲁宾天文台（30.25°S，70.74°W）和丽江观测站（26.7°N，100.0°E）五个台站关于热层金属层的观测报道，虽然严格说来，薇拉·鲁宾天文台和丽江观测站也属于中纬度台站（回归线与极圈之间），但是这两个台站观测到的热层金属层的形态和位于低纬度的阿雷西博天文台观测到热层金属层非常相似，和南极两个台站观测（麦克默多和昭和两个台站）到的热层金属层在下行速率、伴随的波动周期都有很大差别。那么中纬度地区（此处定义为南北纬35°～55°范围内）的热层钠层会有怎样的形态分布？会伴随着怎样的波动？此外，以上所有报道都是基于单个激光雷达单点探测，在热层金属层的水平空间分布和传播方面的研究仍是一片空白。本书将通过2017—2018年延庆和平泉两个台站激光雷达的同时观测数据研究中纬度热层钠层的形态结构、水平空间尺度，讨论中纬度热层钠层可能的形成机制。

第4章介绍了钙激光雷达的工作原理和钙层的变化特性。虽然对大气金属原子的观测已经有数十年，但是对其原子与离子之间的关系却仍然有很多未知的问题。钙作为唯一能够对其原子、离子同时进行地基探测的元素，关于D层的金属离子、热层的金属离子、原子都是过去几乎没有被关注到的现象，本书将通过2019—2022年的延庆台站激光雷达钙原子、离子同时观测做出详细的讨论。

第5章介绍了钾激光雷达工作原理和钾层变化特性，主要给出了钾原子层的季节变化和突发钾原子层、热层钾原子层的特性研究。

第6章总结了大气金属层的观测现状，并对未来的研究做出展望。

第2章　基于子午工程数据的采集与处理

为了深入研究空间天气领域的热点前沿科学问题，2008年起，我国建设了沿东经120°和北纬30°的空间环境地基综合监测链（简称子午工程）（Wang，2010），目前逐步发展成为沿东经100°，120°及北纬30°，40°的"井"字形空间环境地基综合监测网，已基本实现了对地磁、电离层、中高层大气的全景监测。本书主要利用子午工程中激光雷达数据研究钠、钙、钾、铁原子层的统计特性和突发现象，结合子午工程测高仪、Overhause磁力仪等数据对不同高度突发金属层的机制进行深入探究。

2.1　激光雷达数据

子午工程目前已建成经北京（延庆区）、武汉、合肥、海口、漠河、兰州、乌鲁木齐、拉萨等的"两纵两横"激光雷达网。本书以延庆激光雷达数据为主，结合子午工程武汉、合肥激光雷达站以及国家重点实验室专项建设的平泉激光雷达站共计四个台站的数据，对大气金属层展开研究。这四个台站激光雷达的参数见表2.1。

表2.1　激光雷达参数列表

	延庆	平泉	武汉 (Dou et al.，2013)	合肥 (Dou et al.，2013)
地理位置	(40.5°N，116.0°E)	(41.0°N，118.7°E)	(30.6°N，114.3°E)	(31.7°N，117.3°E)
发射波长/nm	589	589	589	589
脉冲能量/mJ	30	30	60	60
脉冲宽度/ns	10	10	6	6
望远镜直径/mm	1000	400	520	1000

表 2.1（续）

	延庆	平泉	武汉 （Dou et al.，2013）	合肥 （Dou et al.，2013）
场角度/mrad	0.2 ~ 2	0.2 ~ 2	1	0.2 ~ 2
时间分辨率/s	180	180	300	250
空间分辨率/m	96	96	96	15

2.1.1 激光雷达原理

对中高层大气的探测主要包括探空气球、火箭等定点探测手段，卫星遥感探测手段和全天空气辉成像仪、流星雷达、MST雷达、非相干散射雷达、激光雷达等地基遥感探测手段，本书对中高层大气金属层的研究主要是利用子午工程激光雷达网对金属原子、离子密度的探测。

2.1.1.1 激光雷达

激光雷达系统是将激光用于回波测距、定向，并通过位置、经向速度及物体反射特性等进行目标识别，结合了特殊的发射、扫描、接收和信号处理技术。爱因斯坦于1905年正确解释了光电效应，确定了电磁辐射及光电辐射的量子性，为激光雷达奠定了发射和接收技术的基础；瓦特于1937年研制出电磁雷达，为激光雷达奠定了整机技术基础。经过近百年的摸索，激光雷达技术自20世纪60年代迅速发展起来，进入21世纪以来，激光雷达成为光电信息探测、检测、采集技术的重要手段，在国防（跟踪、制导）和民生（医疗、通信）方面都发挥了巨大的作用，其核心技术包括两部分：发射系统（能量集中的激光光束）和接收系统（反射、散射的回波信号）（戴永江，2002）。

2.1.1.2 大气探测激光雷达

子午工程利用激光雷达实现对大气的探测。相比于其他探测设备，激光雷达实现大气探测有以下几个优点：

（1）由于激光光束窄，具有高亮度、高准直度及短脉冲的特点，大气探测激光雷达有很高的时间、空间分辨率，有更强的抗干扰能力。

（2）由于激光具有单色性及波长调谐的能力，大气激光雷达能够辨别各种大气成分。

（3）由于激光波长很短，激光光束可以和大气中的微小粒子直接相互作用，可在分子量级上对目标进行测距。利用不同的分子对特定波长的激光吸收、散射或荧光特性，可以在不同的量级上探测不同的物质成分（阎吉祥等，2001）。

激光雷达探测大气的关键在于激光与大气物质的相互作用机制，主要有以下几种大气探测激光雷达：

（1）米散射激光雷达：粒子半径与激光波长相当的弹性散射称为米散射；米散射激光雷达主要用于 10 km 以下对流层大气中气溶胶和云雾的探测和 20 ~ 30 km 平流层气溶胶的探测。

（2）瑞利散射激光雷达：粒子半径远远小于激光波长的弹性散射称为瑞利散射；瑞利散射激光雷达主要用于 30 ~ 80 km 大气密度和温度的探测。

（3）拉曼散射激光雷达：拉曼散射是一种非弹性散射；任何波长的激光都可以使任何种类的分子发生拉曼散射，可用于辨认分子种类，进行大气成分的探测。

（4）差分吸收激光雷达：差分吸收激光雷达利用吸收线上和线外的吸收差异而进行探测的方法称为差分吸收；差分吸收激光雷达主要用于臭氧和大气污染物（如 SO_2，NO_2）的探测。

（5）共振荧光散射激光雷达：共振荧光散射是一种弹性散射；共振荧光散射激光雷达主要用于 80 km 以上金属原子的探测（焦菁，2015）。

2.1.1.3 共振荧光散射激光雷达

当激光的波长与自由原子能级之间的能量差相等时，自由原子会吸收光子的能量从基态跃迁到激发态，并立即发射出相同波长的辐射，回到基态，所发辐射称为共振荧光（焦菁，2015）。在高空大气中，碰撞效应削弱（两次碰撞的时间间隔远远大于原子激发态的寿命），而且原子相对于分子有更大的散射截面，因此，共振荧光散射激光雷达是探测高空大气中金属原子的非常好的手段。1969 年 Bowman 等利用共振荧光散射激光雷达探测到了高空中的钠原子，目前已探测到 80 ~ 105 km 的高空中存在 Na，K，Li，Fe，Ca，Ca^+，Mg，Ni 等金属原子离子层，并以此为示踪物，开展了中高层大气化学、动力学过程的研究。

由于钠原子有较大的散射截面和较大的密度，目前世界各地以钠荧光激光雷达开展的探测研究最为普遍。以子午工程延庆共振荧光散射激光雷达为例，介绍两类共振荧光激光雷达。

（1）宽带共振荧光激光雷达。

宽带指的是激光的线宽较宽，覆盖了钠原子多普勒增宽共振荧光谱线的全部，主要用于原子密度的探测。延庆宽带荧光激光雷达为双光束全波段探测激光雷达，一般用于钠（589 nm）和钾（770 nm）的同时探测，或者钠（589 nm）和瑞利（532 nm）同时探测，鉴于本书用到钠、钾同时探测数据，以此为例做详细介绍。延庆钠、钾同时探测激光雷达基本组成包括激光发射、信号接收、信号处理及控制三大部分。

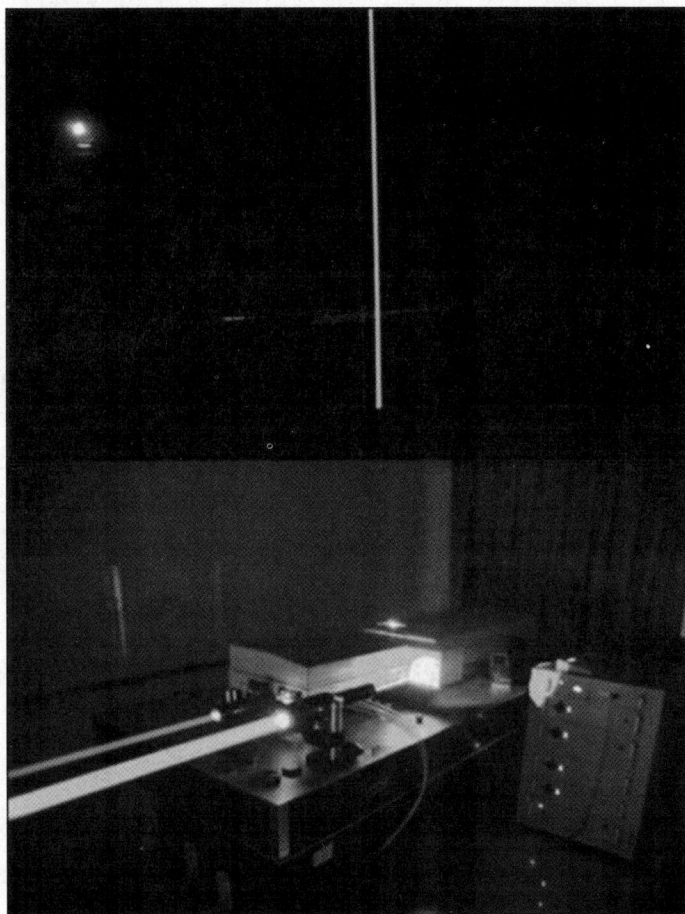

图2.1　延庆台站双波长激光雷达实物图

图2.2（a）为延庆宽带共振荧光激光雷达的原理图，激光发射部分基本组成包括Nd：YAG激光器（PL9030）、倍频晶体（两个，SHG）、染料激光器（ND6000，分为589 nm MW558染料和770 nm LDS765染料两种）、扩束镜、镀膜全反镜、稳频控制器和带有步进电机的反射棱镜等。Nd：YAG激光器发出波长为1064 nm的激光，经过第一个倍频晶体得到532 nm的激光，再通过染料激光器泵浦得到770 nm的激光；经过第一个倍频晶体后，剩余的1064 nm的激

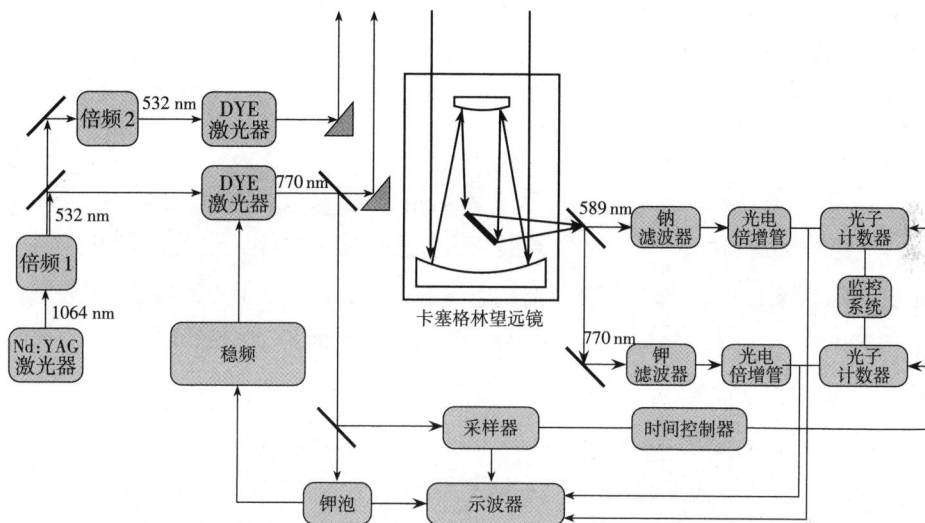

（a）钠、钾同时探测宽带共振荧光激光雷达原理图（Wang et al.，2017）

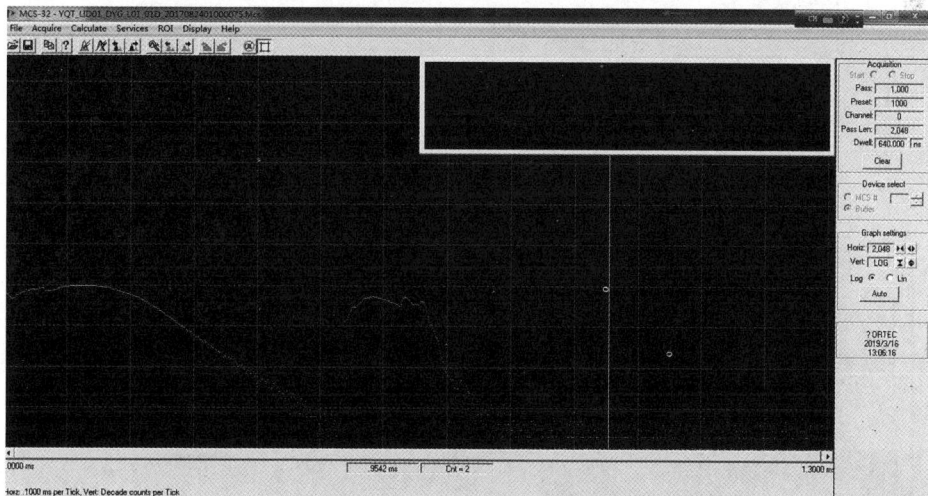

（b）589 nm宽带共振荧光激光雷达回波信号的采集

图2.2 钠、钾同时探测宽带共振荧光激光雷达

光再通过第二个倍频晶体得到 532 nm 的激光，再通过染料激光器泵浦得到 589 nm 的激光；两束激光分别通过扩束镜调试出合适的发散角和准直度，通过镀膜全返镜垂直射入大气中。整个发射过程中，为了保证探测高度（80 km 以上）和参考高度（30 km）完全进入望远镜视场，需要调整带有步进电机的反射棱镜，精确调整激光发射角度。

信号接收部分基本组成包括大口径 Cassegrain 镀膜望远镜（直径 1 m，2018 年 10 月 28 日更换为直径 1.2 m）、分光镜、窄带滤波片、光电倍增管（PMT）等。接收到的光信号经过分光镜后得到的两束光分别通过窄带滤光片，保留 589 nm 和 770 nm 的光信号，再通过光电倍增管将光信号转化为电信号。

信号采集及控制部分基本组成包括前置放大器、光子计数卡（MCS-pci）、延时触发器等。前置放大器将电信号进行匹配滤波、消噪等预处理后放大到一定功率，再由光子计数卡把光电子脉冲记录下来，用回波光子计数值表示信号的大小。这一部分控制整个激光雷达系统的时序，保证发射部分、接收部分、采集部分协调运行（王泽龙，2017；Wang et al.，2017）。

（2）窄带荧光激光雷达。

钠原子随着温度变化会引起共振荧光谱线的多普勒增宽；钠原子随大气风场的定向移动会引起钠共振荧光的多普勒频移。因此，可以用窄带荧光激光雷

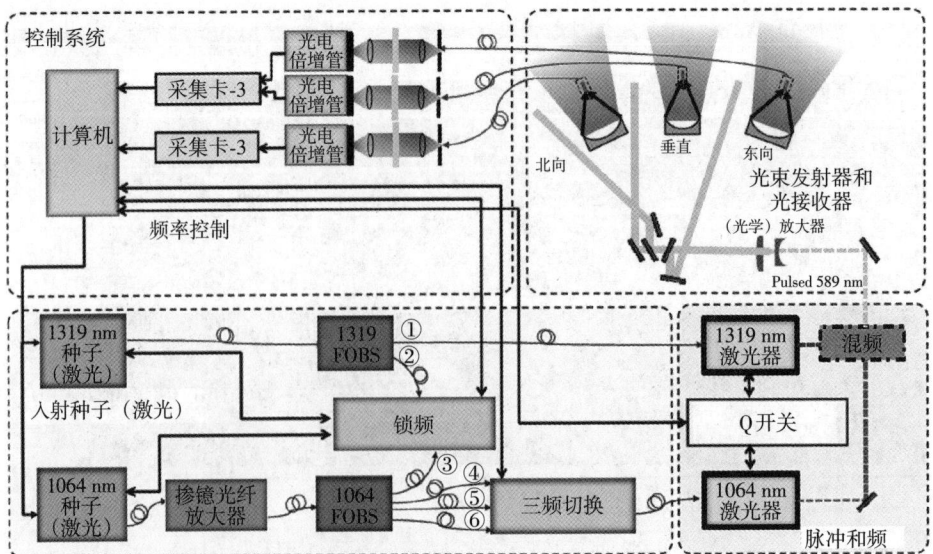

（a）窄带共振荧光激光雷达原理图（Xia et al.，2017）

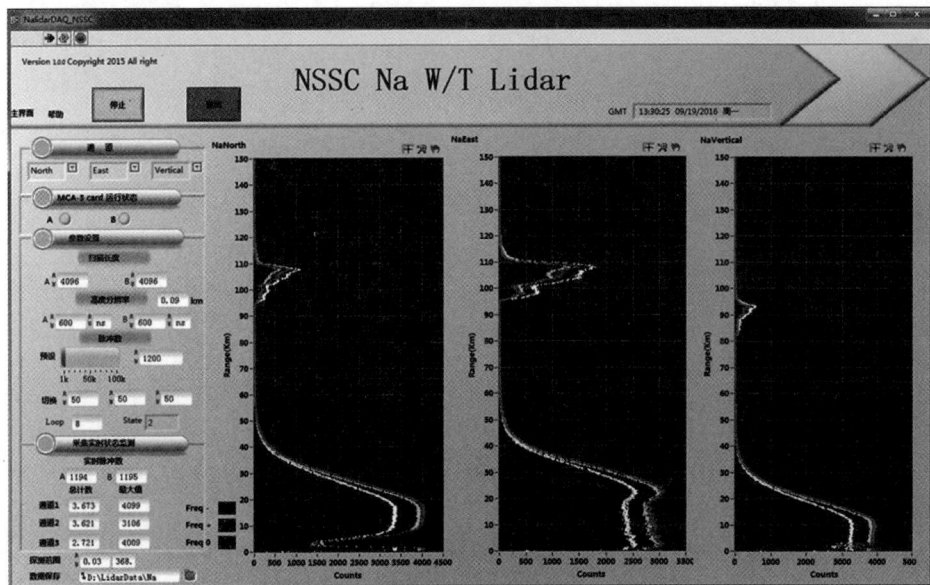

(b) 窄带共振荧光激光雷达回波信号的采集

图2.3 窄带共振荧光激光雷达

达探测中高层大气的温度和风场。延庆窄带荧光激光雷达为全固态钠风温探测激光雷达，用于80~105 km温度和风场的探测。基本组成包括种子注入激光部分、脉冲和频部分、光束发射和接收部分以及检测控制部分（夏媛，2017）。

2.1.2 金属原子密度的反演

2.1.1节介绍了宽带共振荧光激光雷达的基本原理，展示了回波信号的采集结果示例，根据回波信号，可以反演得到高空大气的金属原子密度，具体反演方法如下（Chu et al.，2005）：

激光雷达方程的一般形式：

$$N_s(\lambda, z) = \left(\frac{P_L(\lambda_L)\Delta t}{hc/\lambda_L}\right)[\beta(\lambda, \lambda_L, z)\Delta z]\left(\frac{A}{z^2}\right)[\eta(\lambda, \lambda_L)T(\lambda_L, z)T(\lambda, z)G(z)] + N_B\Delta t$$

（2.1）

等式左边：

$N_s(\lambda, z)$——在 $(z-\Delta z/2, z+\Delta z/2)$ 高度范围内，激光雷达接收到的波长为 λ 的光子数；

13

　　　　　　z——大气中的散射物到激光雷达接收装置的距离；

　　　　　　λ——回波光子波长。

　　等式右边包括五个部分：

　　（1）发射项：单位时间激光器发射的总光子数。

其中，　$P_L(\lambda_L)$——激光雷达的发射功率；

　　　　　　λ_L——激光雷达发射装置发射光子的波长；

　　　　　　Δt——积分时间；

　　　　　　h——普朗克常量；

　　　　　　c——光速。

　　（2）散射项：单位立体角内光子被后向散射的概率。

其中，　β——体积后向散射系数；

　　　Δz——激光雷达系统的空间分辨率；

　　（3）接收项：散射的光子被望远镜接收的概率。

其中，　A——激光雷达接收望远镜的面积，m^2；

　　　　　　η——发射波长为 λ_L，接收波长为 λ 的激光雷达系统的光学效率。

　　（4）传输项：激光从发射到接收过程的衰减。

其中，　$T(\lambda_L,z)$——从激光器到目标物的单程大气透射率；

　　　　　　$T(\lambda,z)$——从目标物到望远镜的单程大气透射率；

　　　　　　$G(z)$——激光雷达系统的几何参数。

　　（5）噪声项：背景噪声。

其中，　N_B——积分时间 Δt 内的背景噪声。

　　散射粒子的密度项（如1.2.2节中介绍，30～80 km瑞利散射中该项表示大气密度，80～200 km共振荧光散射中该项表示金属原子密度）包含在散射项 β 中。但是，该方程中的光学效率 η、大气透射率 T 等的值每天都有差异，不便于测量，这给直接求解共振荧光散射的金属原子密度造成了困难。对于一台激光雷达接收到的不同高度的光子数，受到发射项、接收项的影响是基本相同的，对于30 km以上的高度，气溶胶很少，受到传输项的影响也可以认为是几乎相同的。因此，通常会采用30 km附近作为参考高度 z_R，将共振荧光散射激光雷达和瑞利散射激光雷达比较，可以消掉不便测量的参数，得到只需考虑散射项的方程。具体的计算方法如下：

对于散射项

$$\beta(\lambda,\ \lambda_L,\ z) = \sum_{i}\left[\frac{\mathrm{d}\sigma_i(\lambda_L)}{\mathrm{d}\Omega}n_i(z)p_i(\lambda)\right] \tag{2.2}$$

其中，$\dfrac{\mathrm{d}\sigma_i(\lambda_L)}{\mathrm{d}\Omega}$——粒子单位立体角内的散射截面；

$\quad\quad\quad n_i(z)$——散射粒子 i 在高度 z 处的数密度；

$\quad\quad\quad p_i(\lambda)$——在波长 λ 处，光子散射的可能性。

瑞利散射为瞬时散射过程，满足 $\lambda = \lambda_L$；$p_i(Y\lambda) = 1$，所以

$$\beta(\lambda,\ \lambda_L,\ z) = \sum_{i}\left[\frac{\mathrm{d}\sigma_i(\lambda_L)}{\mathrm{d}\Omega}n_i(z)\right] = \sigma_R(\pi,\ \lambda)n_R(z) \tag{2.3}$$

将式（2.3）带入式（2.1），得到瑞利散射的激光雷达方程：

$$N_R(\lambda,\ z) = \left(\frac{P_L(\lambda)\Delta t}{hc/\lambda}\right)\left[\sigma_R(\pi,\lambda)n_R(z)\Delta z\right]\left(\frac{A}{z_R^2}\right)\left[\eta(\lambda)T(\lambda,z)^2G(z)\right] + N_B\Delta t \tag{2.4}$$

而共振荧光散射满足 $\lambda = \lambda_L$；$p_i(\lambda) = R_B(\lambda)$，所以

$$\beta(\lambda,\ \lambda_L,\ z) = \sum_{i}\left[\frac{\mathrm{d}\sigma_i(\lambda_L)}{\mathrm{d}\Omega}n_i(z)\right] = \frac{\sigma_{\mathrm{atom}}(\lambda_L)}{4\pi}n_C(z)R_B(\lambda) \tag{2.5}$$

将式（2.5）带入式（2.1），得到共振荧光散射的激光雷达方程：

$$N_S(\lambda,\ z) = \left(\frac{P_L(\lambda)\Delta t}{hc/\lambda}\right)\left[\frac{\sigma_{\mathrm{atom}}(\lambda_L)}{4\pi}n_C(z)R_B(\lambda)\Delta z\right]\left(\frac{A}{Z^2}\right)\left[\eta(\lambda)T(\lambda,\ z)^2G(z)\right] +$$

$$N_B\Delta t \tag{2.6}$$

那么金属原子的密度

$$n_C(z) = \frac{N_S(\lambda,\ z) - N_B\Delta t}{N_R(\lambda,\ z) - N_B\Delta t}\frac{z^2}{z_R^2}\frac{4\pi\sigma_R(\pi,\ \lambda)n_R(z)}{\sigma_{\mathrm{atom}}(\lambda)R_B(\lambda)} \tag{2.7}$$

其中，z 是共振荧光散射区的高度（通常是 $80\sim105$ km，本书观测到的热层钠层可以延伸到近 200 km，此处指金属层所存在的高度），z_R 是瑞利散射区的高度（通常选取已没有气溶胶且回波信号很强的 30 km，由于长达九年的观测中，少部分回波光子在 30 km 处饱和，会视情况选取 $30\sim45$ km），$n_R(z)$ 是瑞利高度的大气密度，可以从 NRLMSISE-00 模式中查到，N_S、N_R、N_B 都可以通过激光雷达探测得到，分别是 z、z_R 及噪声高度的回波光子数，噪声高度的回波光子数一般选取 $170\sim190$ km 光子数的平均。$\sigma_R(\pi,\ \lambda)$ 是瑞利后向散射截面，本书中用到的

$$\sigma_R(\pi,\ 589\ \mathrm{nm}) = 4.14\times10^{-32}\ \mathrm{m}^2/\mathrm{sr} \tag{2.8}$$

$$\sigma_R(\pi,\ 770\ \mathrm{nm}) = 1.42\times10^{-32}\ \mathrm{m}^2/\mathrm{sr} \tag{2.9}$$

由于共振荧光散射包括光子的吸收和光子的自发辐射两个过程，相比于瞬时散射过程，中高层大气的共振荧光散射必须考虑以下三个因素：

（1）激光的线型和线宽；

（2）由共振原子层的吸收导致的激光和信号的消光；

（3）激光脉冲的持续时间通常为几纳秒，原子激发态的寿命通常为几十纳秒，由于原子激发态的有限寿命造成原子层的饱和，因此，相比于瑞利散射激光雷达方程，共振荧光散射激光雷达方程需要增加对于原子有效后向散射截面、消光系数和原子层饱和效应的考虑，即式（2.7）中的

$$\sigma_{atom}(\lambda) = \sigma_{eff}(\lambda)E(\lambda)S(\lambda) \tag{2.10}$$

其中

$$\sigma_{eff}(\lambda) = \int_{-\infty}^{+\infty} \sigma_{abs}(\upsilon, \upsilon_0)g_L(\upsilon, \upsilon_L)d\upsilon \tag{2.11}$$

延庆激光雷达的激光线型可认为是高斯线型，所以

$$g_L(\upsilon, \upsilon_L) = \frac{1}{\sqrt{2\pi}\sigma_L}\exp\left[-\frac{(\upsilon-\upsilon_L)^2}{2\sigma_L^2}\right] \tag{2.12}$$

υ_L ——激光的中心频率；

$\sigma_L = \dfrac{\sigma_{FWHM}}{2\sqrt{2ln2}}$，$\sigma_{FWHM}$ ——激光的线宽。

$\sigma_{abs}(\upsilon, \upsilon_0) = \sum\limits_{i=1}^{n}\sigma_{abs}(\upsilon, \upsilon_{0i})$ ——原子的吸收截面；

$\sigma_{abs}(\upsilon, \upsilon_{0i}) = \sigma_{0i}\exp\left[-\dfrac{(\upsilon-\sigma_{0i})^2}{2\sigma_{Di}}\right]$ ——第i条跃迁谱线的吸收截面；

$\sigma_{Di} = \upsilon_{0i}\sqrt{\dfrac{k_BT}{Mc^2}}$ ——第i条跃迁谱线多普勒展宽的RMS宽度；

$\sigma_{0i} = \dfrac{1}{\sqrt{2\pi}\sigma_{Di}}\dfrac{e^2}{4\varepsilon_0 m_e c}f_i$ ——第i条跃迁谱线峰值吸收截面；

k_B ——玻尔兹曼常数；

T ——发生跃迁区域的温度；

M ——原子的绝对质量；

e ——元电荷电量；

ε_0 ——真空电容率；

m_e ——电子质量；

c ——光速；

f_i ——振子强度。

延庆激光雷达基于钠原子 $D_2(3^2S_{1/2} \rightarrow 3^2P_{3/2})$ 和钾原子 $D_1(4^2S_{1/2} \rightarrow 4^2P_{1/2})$ 跃迁过程，其跃迁超精细结构分别见图2.4和图2.5，f_i 的详细参数见表2.2。

$$E(\lambda) = \exp\left[-\int_{z_{bottom}}^{z} \sigma_{eff}(\lambda, z)\right] n_C(z)dz \tag{2.13}$$

其中，z_{bottom} ——原子层底部高度。

$$S(\lambda) = \frac{N_S^{Sat}}{N_S} = \frac{1}{1 + \frac{\tau_R}{t_S}} \left\{ 1 - \frac{\tau_R}{\Delta t_L} \frac{\frac{\tau_R}{t_S}}{1 + \frac{\tau_R}{t_S}} \times \left[\exp\left(-\frac{\Delta t_L}{\Delta t_L}\left(1 + \frac{\tau_R}{t_S}\right)\right) - 1 \right] \right\} \tag{2.14}$$

其中，τ_R ——原子的有限寿命（对于 NaD_2，为 $16.23\ ns$；对于 KD_1，为 $26.72\ ns$）；

Δt_L ——激光的脉冲宽度，延庆宽带荧光激光雷达为 $26\ ns$。

$$t_S = \frac{z^2 \Omega \Delta t_L}{2\sigma_{eff}(\lambda) N_L T}$$

其中，$\Omega = \frac{\pi}{4}\theta_L^2$，$\theta_L$ ——激光的发散角；

$N_L = \frac{P_L(\lambda)}{hc/\lambda}$，$P_L(\lambda)$ ——脉冲能量。

将以上各式带入式（2.8），可得钠原子层底部：

$$\frac{\sigma_{Na}}{4\pi} = 4.14 \times 10^{-17}\ m^2/sr \tag{2.15}$$

钾原子层底部

$$\frac{\sigma_{K}}{4\pi} = 3.95 \times 10^{-17}\ m^2/sr \tag{2.16}$$

将式（2.8）和式（2.15）以及钠激光雷达观测到的回波光子数带入式（2.7）中就可以得到钠原子密度随高度的分布，同理，将式（2.9）和式（2.16）以及钾激光雷达观测到的回波光子数带入式（2.7）可以得到钾原子密度随高度的分布。

另外，为了提高信噪比，搜索到原子密度较小的热层钠层2017年9月—2018年9月的数据，将时间分辨率合并到15 min，高度上使用窗口为960 m的汉宁窗对数据做了垂直平滑。对于一些特殊的数据也根据不同的情况做了不同的处理，比如本书中涉及的2018年2月5日观测到的钠层延伸到采集软件记录的最大高度，不能将每条廓线170~190 km的平均回波光子数作为噪声处理，但这一夜16:30—18:30 UT这段没有热层钠层的时间，170～190 km的光子数非常稳定，因此本书选择这两小时170～190 km的平均光子数作为整夜的平均光子数。

在钾原子密度的反演过程中，发现770 nm的回波信号在瑞利高度范围虽然也表现出随高度升高而降低的趋势，但是相邻数据点之间存在抖动，为了消除参考高度选取不当而引起的误差，我们将瑞利高度段光子数进行了线性拟合（王泽龙，2017）。

表2.2　钠D_2和钾D_1的跃迁特性（https://steck.us/alkalidata/）

	钠D_2（$3^2S_{1/2}\rightarrow3^2P_{3/2}$）	钾D_1（$4^2S_{1/2}\rightarrow4^2P_{1/2}$）
频率ω_0	$2\pi\cdot508.848\ 716\ 2(13)$ THz	$389.286058716(62)$ THz
波长λ	$589.158\ 326\ 4(15)$ nm	$770.108385049(123)$ nm
寿命τ	$16.249(19)$ ns	$26.72(5)$ ns
自然线宽Γ（FWHM）	$2\pi\cdot9.795(11)$ MHz	$2\pi\cdot5.956(11)$ MHz
吸收振荡强度f	$0.6405(11)$	0.3327

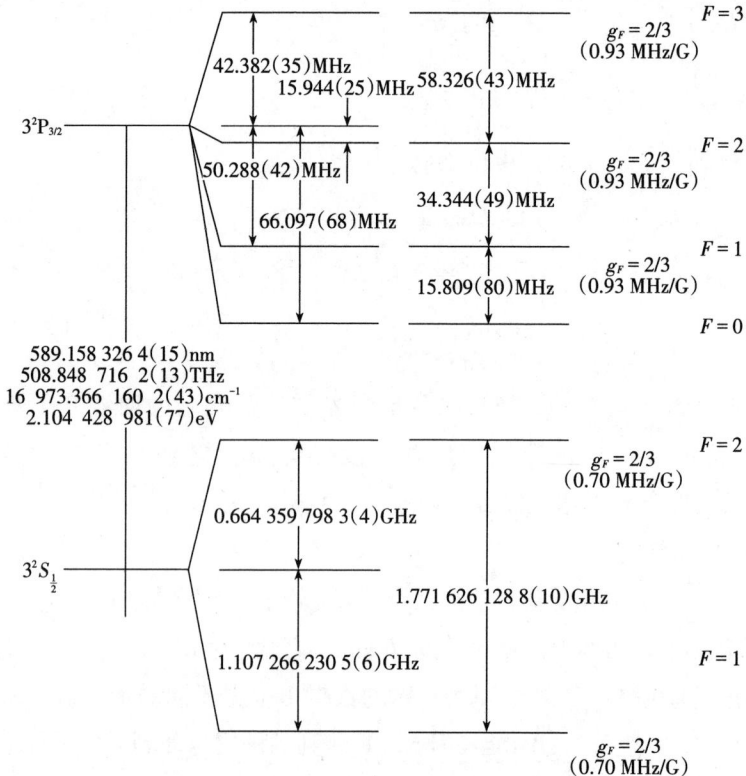

图2.4　钠D_2（$3^2S_{1/2}\rightarrow3^2P_{3/2}$）跃迁超精细结构

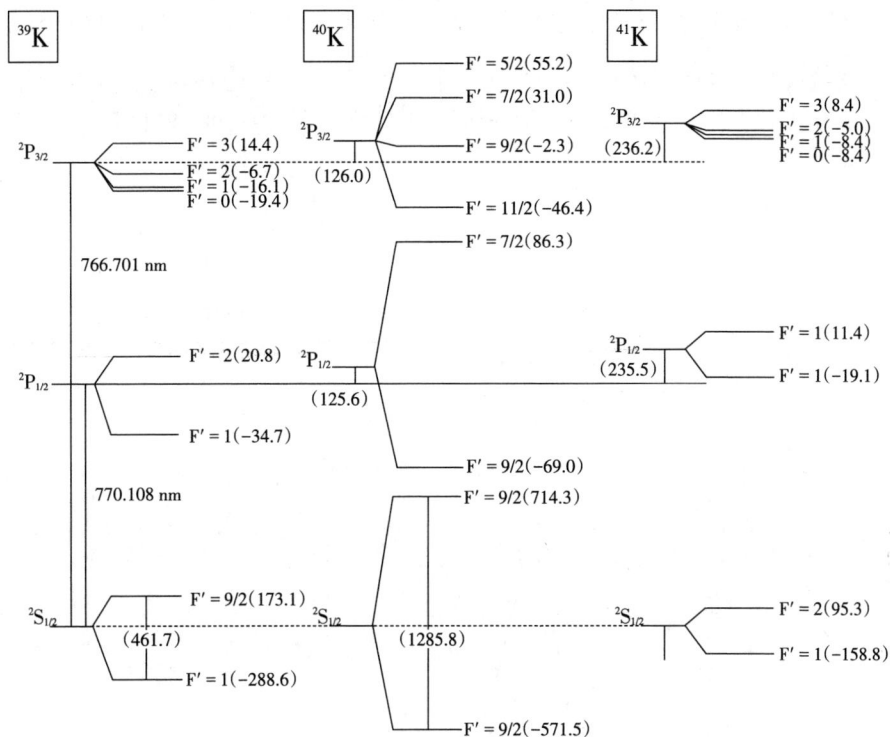

图 2.5　钾 D_1（$4^2S_{1/2} \to 4^2P_{1/2}$）和钾 D_2（$4^2S_{1/2} \to 4^2P_{3/2}$）跃迁超精细结构

（https://steck.us/alkalidata/）

表 2.3　钠 D_2（$3^2S_{1/2} \to 3^2P_{3/2}$）超精细跃迁强度因子

精细结构	强度因子	精细结构	强度因子
S23	7/10	S12	5/12
S22	1/4	S11	5/12
S21	1/20	S10	1/6

表 2.4　钾 D_1（$4^2S_{1/2} \to 4^2P_{1/2}$）超精细跃迁强度因子

精细结构	强度因子	精细结构	强度因子
S21	5/16	S11	1/16
S22	5/16	S21	5/16

2.1.3　温度和风场的反演

钠原子随着温度变化会引起共振荧光谱线的多普勒增宽，钠原子随大气风场的定向移动会引起钠共振荧光的多普勒频移。如图 2.6 所示，风速一定时，随着温度的增加，钠荧光光谱的谱宽也会增加；温度一定时，随着风速的变化钠荧光光谱会整体平移（班超，2017），因此，用中心频率为υ_0和$\upsilon_+[(\upsilon_0+585)\text{MHz}]$、$\upsilon_-[(\upsilon_0-585)\text{MHz}]$ 的三束激光同时探测钠原子层，接收到的信号变化记录了光谱增宽和多普勒频移量的变化，从而可以得到大气温度和风场的信息。反演方法如下：

温度比和风速比可表示为

$$R_T = \frac{\sigma^\pi(\nu_0,\ T,\ V) + \sigma^\pi(\nu_-,\ T,\ V)}{2\sigma^\pi(\nu_0,\ T,\ V)} = \frac{N(\nu_+) + N(\nu_-)}{2N(\nu_0)} \tag{2.17}$$

$$R_V = \frac{\sigma^\pi(\nu_+,\ T,\ V) - \sigma^\pi(\nu_-,\ Y,\ V)}{\sigma^\pi(\nu_0,\ T,\ V)} = \frac{N(\nu_+) - N(\nu_-)}{N(\nu_0)} \tag{2.18}$$

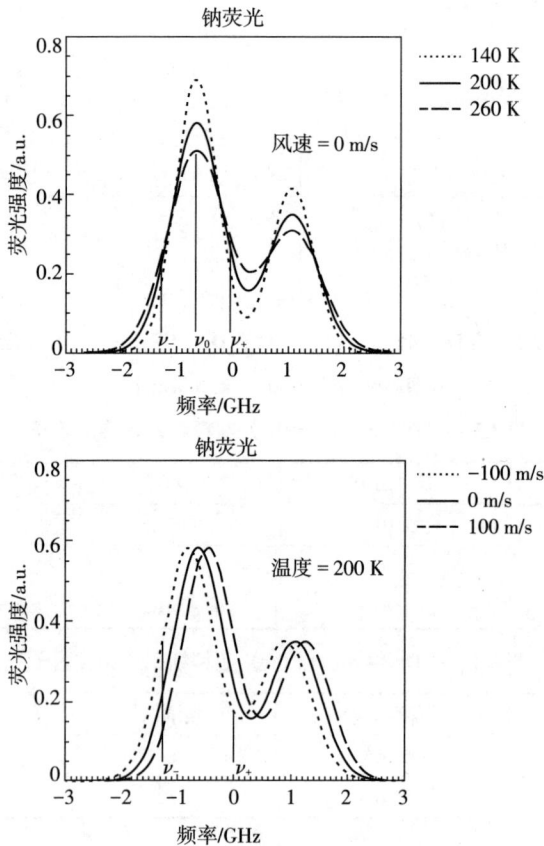

图2.6　钠荧光光谱随温度、风场的变化

利用散射截面可以计算出理论上温度比、风速比的二维校正曲线（图2.7），根据试验测得的不同频率接收到的光子数的温度比和风速比，通过搜索校正曲线相对值，可以确定大气的温度和风场（班超，2017）。

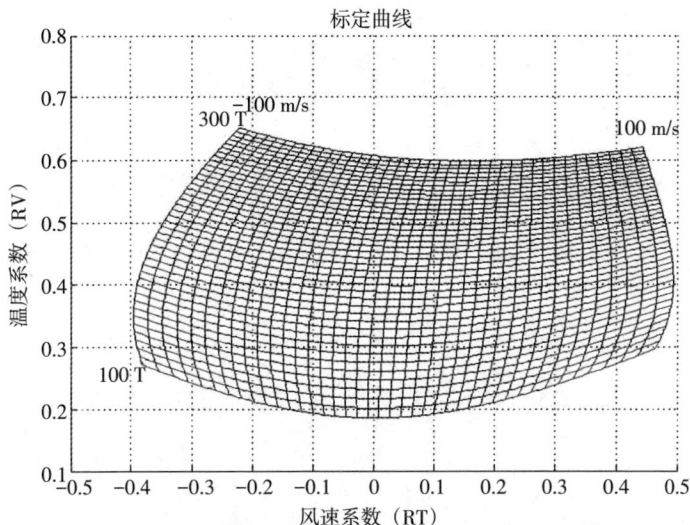

图2.7 温度比、风场比的二维校正曲线

以2016年10月10日的观测数据为例，将窄带激光雷达数据反演出的风场和温度分别与流星雷达和Saber卫星做比较，证实延庆窄带激光雷达测量风场、温度的可靠性。当晚激光雷达和流星雷达观测到的纬向风和经向风分别见图2.8和图2.9，激光雷达和Saber卫星观测到的温度见图2.10，两种设备分别观测到的风速和温度的变化趋势大致相同，由于不是完全同时同地的观测，观测结果略有差别。

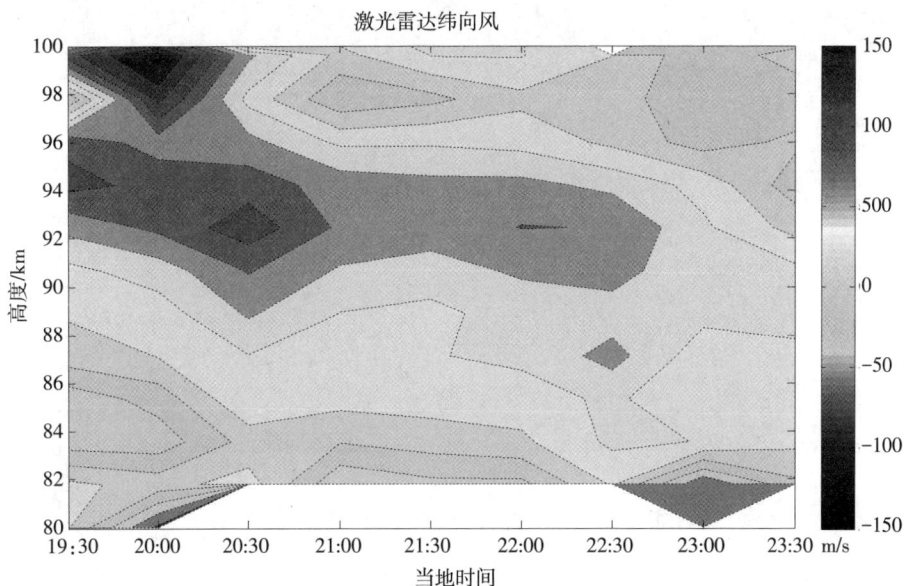

（a）激光雷达纬向风的观测

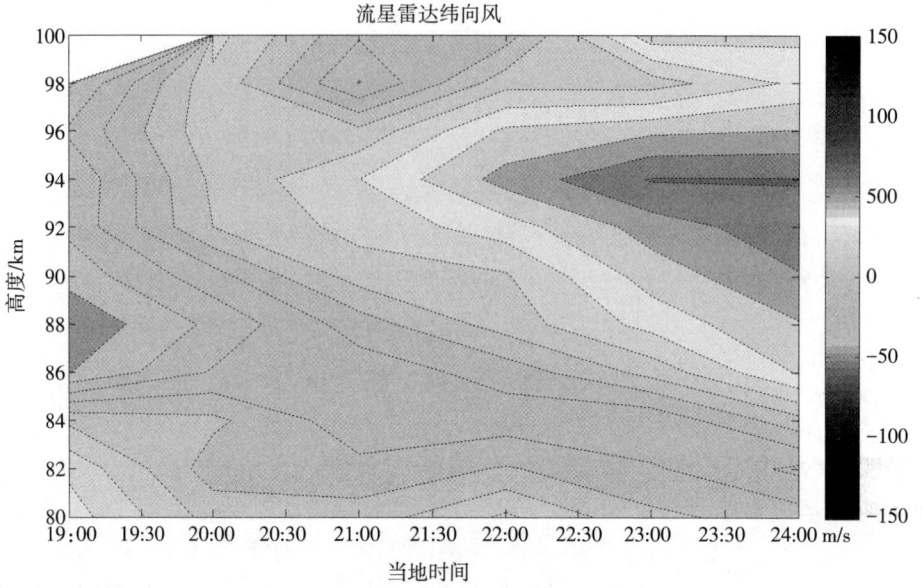

（b）流星雷达纬向风的观测

图2.8　2016年10月10日纬向风的观测

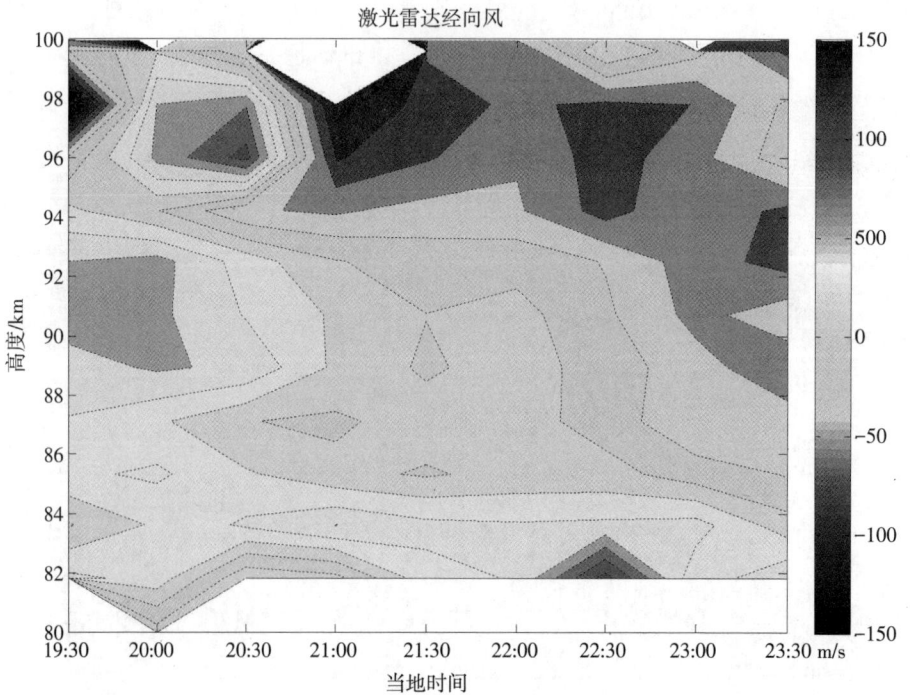

（a）激光雷达经向风的观测

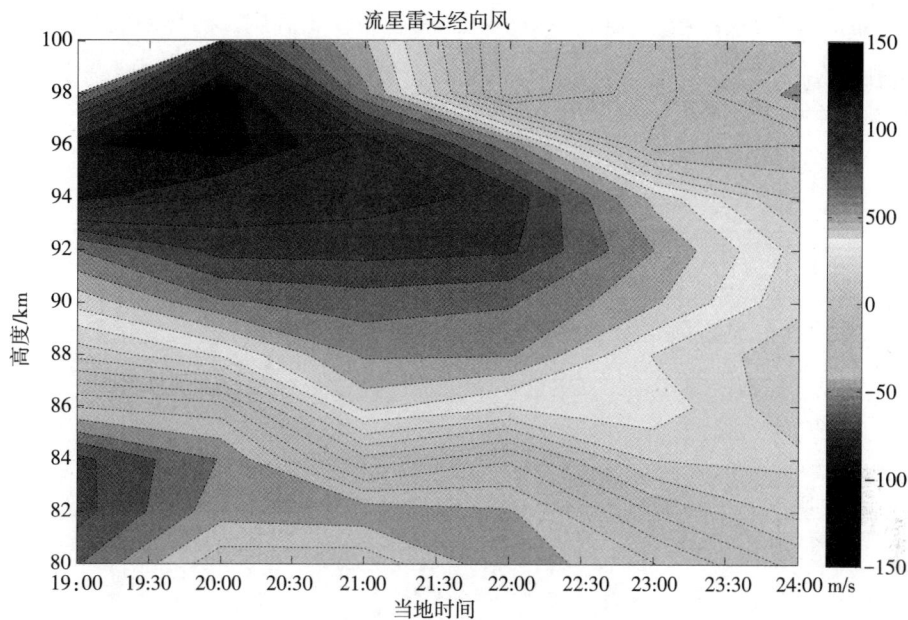

流星雷达经向风

当地时间

（b）流星雷达经向风的观测

图2.9 2016年10月10日晚经向风的观测

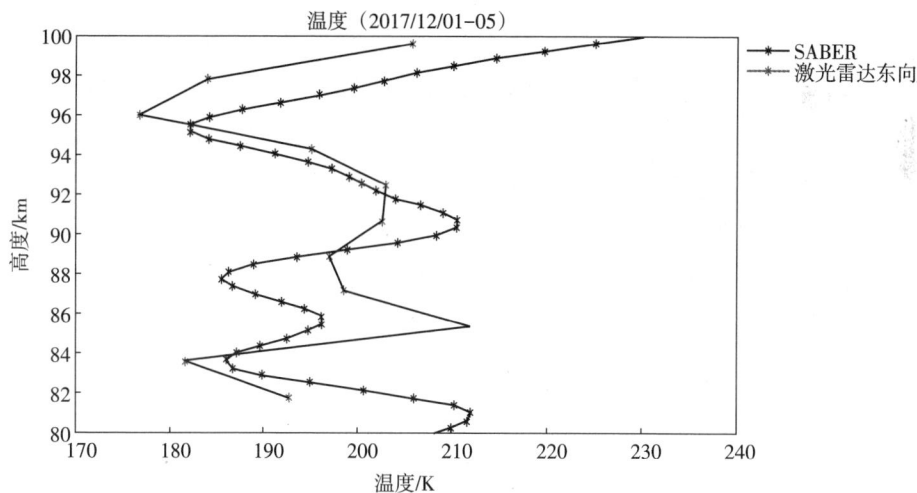

温度（2017/12/01-05）

图2.10 激光雷达与卫星观测到的温度比较

2.2 地磁场数据

为了研究地磁场对中纬度热层钠层的影响，使用子午工程十三陵台站

23

Overhause磁力仪的秒采样数据，Overhause磁力仪是利用高磁导率的软磁合金等制成的高灵敏度传感器来进行磁场测量，可得到高精度的地磁数据。图2.11为连续五天（2017年12月1—5日）Overhause磁力仪观测到的地磁变化。

图2.11　Overhause磁力仪探测结果

2.3　Es层数据

Es层（sporadic E layer）数据由测高仪观测得到，2010—2016年对Es发生率进行统计的测高仪数据来源于世界数据系统（The World Data System，WDC）国家地球系统学科数据中心提供的北京十三陵台站（40.3°N，116.2°E）观测数据，该台站距离延庆激光雷达观测台站28 km。Es层的特征参数虚高和临界频率是利用SAO-Explorer软件自动度量的电离图，时间分辨率为1 h。为了更好地与同高度同时间的热层钠层事件进行比较，在Es与热层钠层的逐例比较中，将全球DPS系列测高仪数据镜像站提供的原始数据进行了人工标定（参考了《电离图解释与度量手册》，皮尔特和拉韦尔，1978），时间分辨率为15 min，同时，参考了子午工程昌平站（40.3°N，116.0°）的测高仪数据，时间分辨率为0.5 h。

2.4　流星雷达数据

大气风场数据是根据流星雷达观测数据进行计算整理得到的数据结果，

同样来源于WDC国家地球系统学科数据中心北京十三陵台站。时间分辨率为
1 h，空间分辨率为2 km。观测结果示例见图2.8（b）和图2.9（b）。

2.5 太阳黑子数据

太阳黑子数据来源于World Data Center for the production，图2.13为近13
年太阳黑子数的变化。

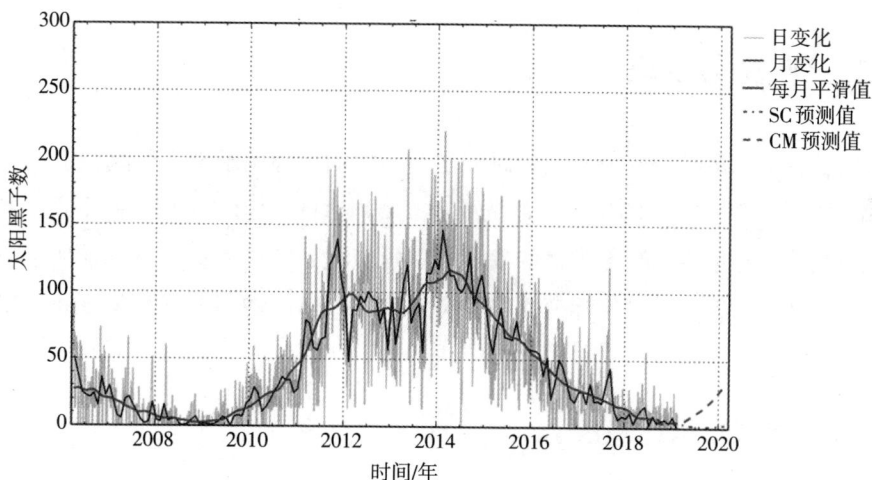

图2.12 近13年太阳黑子数变化

2.6 CTMT模式数据

CTMT（climatological tidal model of the thermosphere）模式是基于TIMED
卫星观测数据在HME（hough mode extension）模式的基础上拟合的包含迁移
潮汐和非迁移潮汐在内的全球潮汐模型（Oberheide et al.，2011），包括温
度、密度、纬向风、经向风、垂直风的周日潮和半日潮分量。

第3章　钠激光雷达工作原理与钠层变化特性

3.1　钠激光雷达

本书对中高层大气金属层的研究主要采用的是利用子午工程激光雷达网对金属原子、离子密度的探测，激光雷达的基本原理已在2.1.1节中做了详细介绍。本章主要介绍钠激光雷达的发展并以延庆激光雷达为例给出背景钠原子层的夜变化、季节变化、年际变化以及突发钠层和热层钠层等特殊现象的研究与讨论。

3.1.1　钠激光雷达发展

2004—2015年报道的地基激光雷达台站，钠原子密度相对较高，后向散射截面较大，最容易被探测到。自1969年，Bowman等将激光雷达应用到高空大气金属层的探测后，钠激光雷达成为全球范围内布局最多、应用最广泛的金属层探测手段。具有代表性的一些研究团队的钠原子激光雷达的具体参数如表3.1所示。

表3.1　钠原子激光雷达参数

文献	地理位置	激光器单脉冲能量/mJ	望远镜直径/m
1. Bowman et al., 1969	英国 Buckinghamshire （50°N，7°W）	— (Photons transmitted per pulse: 10¹⁶)	— (Receiver area: 0.6 m²)
2. Hake et al., 1972	美国 California （40.2°N，88.2°W）	500	0.4

表 3.1（续）

文献	地理位置	激光器单脉冲能量/mJ	望远镜直径/m
3. Megie et al., 1977	法国 （54.5°N，13.4°E）	800～1000	0.818
4. Simonich et al., 1979	巴西 （54°N，12°E）	20	（Receiver area：0.39 m²）
5. Gardner et al., 1980	美国 Illinois （40.2°N，88.2°W）	100	— （Receiver area：0.14 m²）
6. Juramy et al., 1980	苏联 （30.5°N，114.3°E）	1000	0.41
7. 本书	中国 北京延庆台站 （40.5°N，116.0°E）	40	1.23

3.1.2　北京延庆钠激光雷达的基本参数与探测优势

（1）子午工程激光雷达通过在发射单元采用二次倍频余光复用技术，将 Rayleigh 散射机制和 Na 共振荧光散射机制同时融入一台激光雷达当中；连同接收单元和数据采集与系统控制单元采用的多通道信号接收技术、系统高空收发联调技术，实现了对 0～30 km 的 Mie 散射信号、30～80 km 的 Rayleigh 散射信号和 80～110 km 的钠荧光散射信号的同时同地探测，真正意义上实现了利用一台激光雷达对 0～110 km 大气的全高层探测。

（2）在新的技术条件下，为了接收高空微弱信号和研究金属层（80～150 km）的变化特性和精细结构，在 532 nm 和 589 nm 通道采用了更高量子效率、更敏感、光子计数模式的光电倍增管（PMT）以保证探测的高信噪比，使得这两个通道的脉冲累积效应（pulse pile-up）和强光感生噪声（signal-induced noise）造成的非线性失真更为明显，远远超出了离轴收发准双站式布局所能把控的线性高度段。通过对子午工程激光雷达使用的 PMT（H7421 系统）的详细分析，本书研究认为其脉冲累积效应主要来自带宽的限制，而不是甄别器输出脉宽。

（3）子午工程激光雷达589 nm通道信号的非线性失真高度能够达到55 km，意味着如果单方面采用机械斩波器，会损失掉很大一部分中低空原始信号，为后期中层大气数据处理、研究带来不便。55 km以上，信号逐渐落入线性范围，SIN的扰动开始逐渐占据主要地位，在60 km左右达到峰值。同时，钠层信号的非线性失真也相当明显（~300 counts@85 km），意味着chopper和多通道拼接技术，虽然能有效避免中层大气信号（30 ~ 70 km）的非线性失真，但都无法上探解决子午工程激光雷达金属层信号的非线性失真。高空通道选择低QE的PMT是解决手段之一，但低QE又带来了较低的信噪比和探测上限。相比之下作者借助这套实验设计和方法还原出未被探测系统扭曲的大气真实回波信号，在确保大动态线性范围（20 ~ 110 km）和保证钠层信号的高信噪比之间，达到了一个不用降低PMT量子效率的全新切入点：即使在一个探测通道内，研究者也可以尽可能选择更高效率更敏感的PMT，将探测高度进一步上探，为研究金属层更精细特征、发现更多未知现象提供了可能，而不用再担心低空-中层信号的非线性失真无法挽回。

3.2 背景钠层

3.2.1 季节变化

背景钠层主要分布在75 ~ 115 km，密度分在3000 cm^{-3}附近。我们选取了北京台站2016年1月到2016年12月期间71个观测夜，641个观测小时的夜间激光雷达钠层数据；巴西圣保罗台站自2016年11月开始观测，至2017年6月，共积累33个观测夜，340个观测小时的激光雷达数据研究背景钠原子层的季节变化。两个台站钠原子层的柱密度、峰值密度、峰值高度的季节分布比较如下。

3.2.1.1 柱密度的季节变化

北京上空钠层的平均柱密度为4.71×10^9 cm^{-2}，圣保罗上空钠层的年平均柱密度为5.43×10^9 cm^{-2}，两者相差15%。如图3.1中空心圆圈所示，北京上空的钠层柱密度具有明显的年变化特征，1月、2月、11月、12月的北半球冬季月份柱密度较大，而夏季月份柱密度较小。图3.1中的实心圆圈表示圣保罗的观测结果，由于只有七个月的观测数据，无法得到明确而又完整的钠层年变化特征。但可以看出，在11、12月的南半球夏季月份柱密度较小，冬季月份柱密度较大。也就是说，北京上空的钠原子层和巴西圣保罗上空的钠原子层同样具有柱密度冬季大、夏季小的季节变化特征。

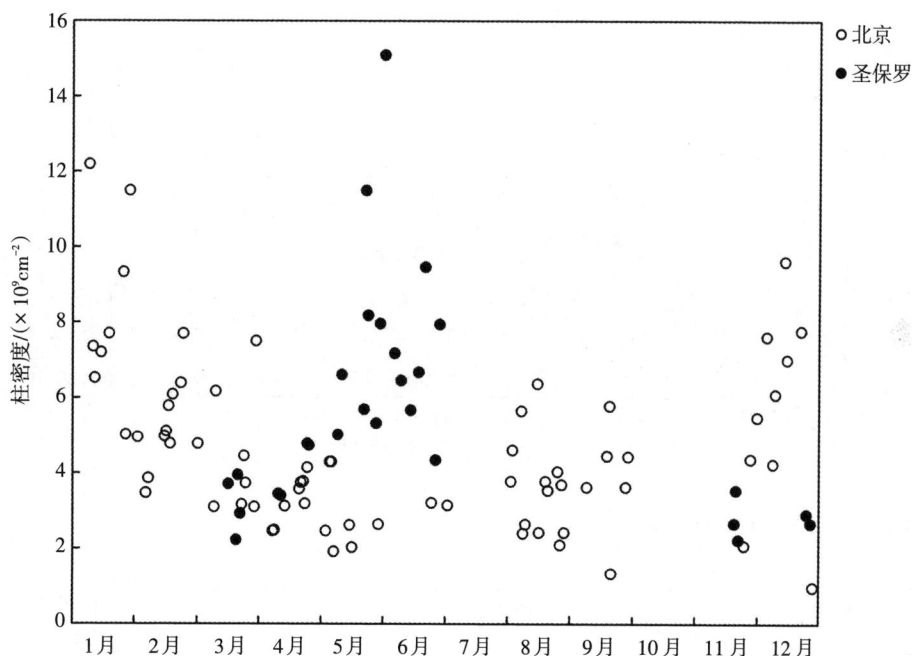

图3.1　柱密度分布图

3.2.1.2　峰值密度的季节变化

北京上空钠层的年平均峰值密度是4501 cm^{-3}，而圣保罗上空的钠层年平均峰值密度为5351 cm^{-3}，两者相差16%。如图3.2中空心圆圈表示北京上空的峰值密度分布，实心圆圈表示圣保罗上空的峰值密度分布。从图中可以看出，虽然圣保罗地区的峰值密度整体比北京地区偏大，但是两个台站都呈现出在当地的冬季峰值密度较大，在当地的夏季峰值密度较小的季节分布特征。

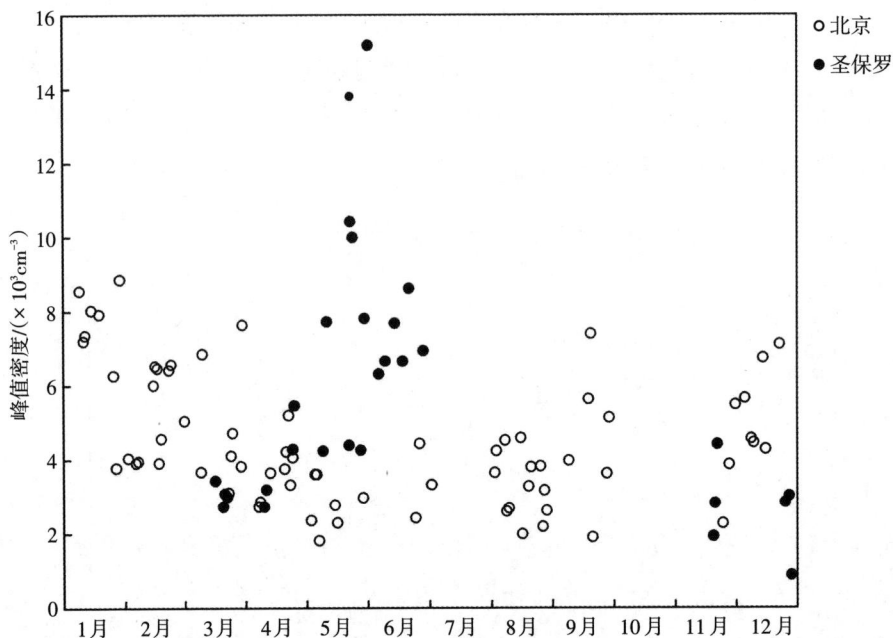

图3.2　峰值密度分布图

3.2.1.3　质心高度的季节变化

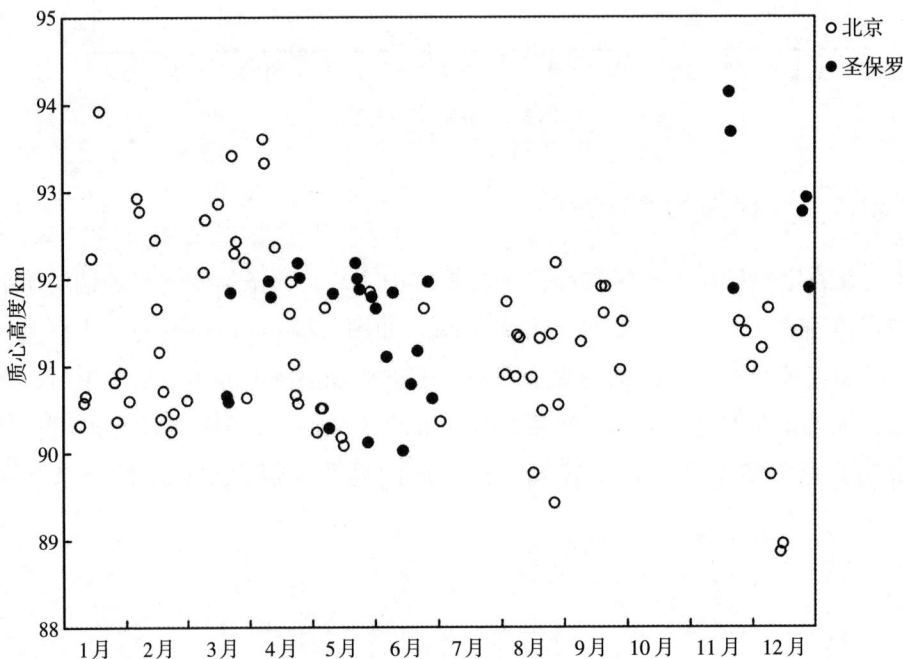

图3.3　质心高度分布图

如图3.3所示北京上空钠层的年平均质心高度为91.25 km，巴西圣保罗上空钠层的年平均质心高度为91.74 km，两者仅仅相差0.49 km，约0.5%。北京地区的1月、2月、3月的钠层质心高度高于其他月份，而圣保罗地区11月、12月的质心高度高于其他月份。

3.2.1.4　RMS宽度的季节变化

如图3.4所示，北京上空钠层的年平均RMS宽度为4.72 km，圣保罗上空钠层的年平均RMS宽度为4.96 km，两者仅仅相差0.24 km，约4.8%。两个台站的RMS宽度在一整年里都在平均值附近，没有明显的季节变化特征。

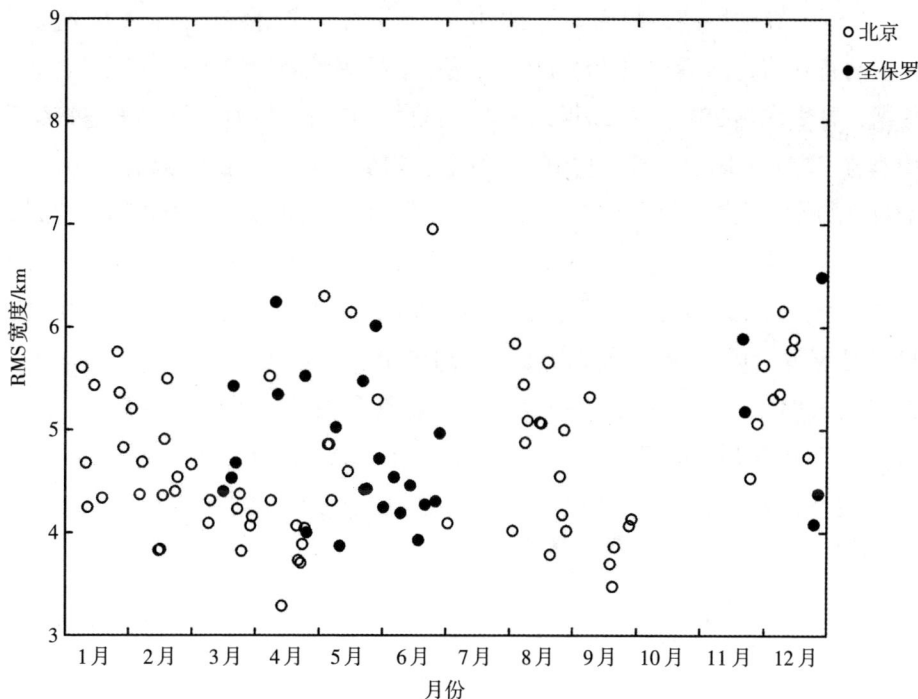

图3.4　RMS宽度分布图

3.2.2　年际变化

3.2.2.1　延庆钠原子密度的太阳活动长期响应

Dawkins等（2016）通过WACCM模型评估了MLT区域内钠原子和钾原子的太阳活动长期响应，太阳活动对金属原子的影响主要体现在两方面：光电离和光解离速率的变化以及温度的变化。光电离和光解离速率的变化对钾和钠金属层的影响是一样的，在太阳活动高年，光电离的速率变快，光解离的速率变慢，这会导致钠原子和钾原子减少，太阳活动低年则相反；在太阳活动高年，温度升高促进了金属化合物向原子的转换，使得钠原子和钾原子增多，太阳活动低年则相反，但由于钠元素和钾元素化学反应的活化能不同，所以温度变化对其反应速率的影响存在差异。由于钾的化合物转换出钾的反应活化能过高，在MLT区域内的温度状态下，含钾化合物向钾原子的转化很难发生，而相应的钠元素的反应较容易发生。综合以上两方面的影响，钾层与太阳活动呈现出显著的反相关，而钠层则没有相对明显的相关性。

为了研究钠层的太阳活动长期响应，本书首先求出2010—2021年钠原子密度的月均值，然后求出70～110 km钠原子柱密度的月均值；对于太阳黑子数据，本书求出2010—2021年太阳黑子数的月均值；然后将钠原子柱密度月均值与相应的太阳黑子数月均值进行比较，得到钠原子柱密度月均值与太阳黑子数月均值变化的平滑曲线对比（如图3.5所示），图中横坐标为年份，左侧的纵坐标为钠原子柱密度，右侧的纵坐标为太阳黑子数，图中显示，除了2019年钠原子柱密度的变化与太阳黑子数相关性较弱，其余年份都呈现出正相关趋势。对于平滑后的钠原子柱密度和太阳黑子数，求出其皮尔逊相关系数为0.199，表明了钠原子柱密度与太阳黑子数具有相对较弱的正相关性，这与Dawkins等（2016）的模拟结果不同，在MLT区域内温度变化对钠元素化学反

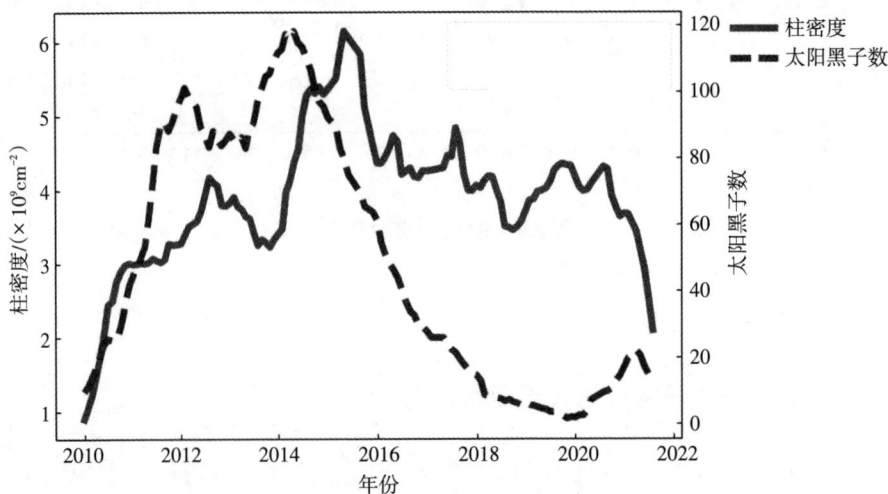

图3.5　钠（Na）柱密度与太阳黑子数平滑曲线

应的影响可能大于光电离和光解离速率的变化造成的影响，即在太阳活动高年，含钠化合物向钠原子的转化多于在这期间光电离消耗的钠原子，太阳活动低年则正好相反。

针对2019年钠原子柱密度与太阳黑子数相关性较弱的情况，本书求出了2019年70～110 km的钠原子柱密度，并得出了如图3.6所示的2019年钠原子柱密度图，与以往季节变化呈现的钠原子密度冬季大、夏季小的特征（鲁正华，2019；龚少华 等，2013）相比，可以看出7，8，9月钠原子柱密度较大，所以2019年整体钠原子柱密度相对较大，从而影响了和太阳黑子数相关性的比较结果。

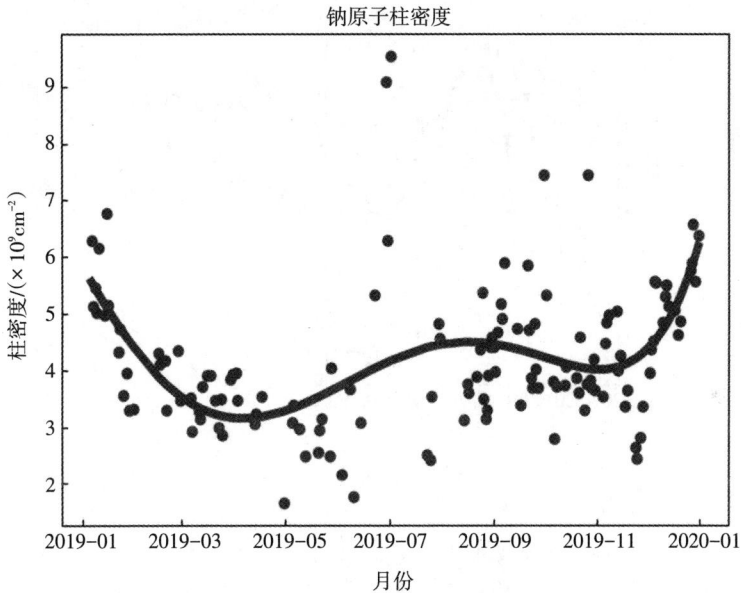

图3.6　2019年钠原子柱密度实线代表数据的拟合趋势

对于2019年7，8，9月钠原子柱密度较大的问题，查阅了2019年太阳耀斑和流星雨的观测数据，2019年7，8，9月左右的太阳耀斑强度都没有超过M3；而7月和8月都出现了较大的流星雨，其中有北半球三大流星雨之称的英仙座流星雨从7月17日开始持续到8月24日，并在8月13日达到极大；摩羯座流星雨从7月3日开始持续到8月15日，并在7月30日达到极大，这可能增加了突发钠原子的概率与密度，使得钠原子柱密度更高。

3.2.2.2 不同季节延庆钠原子密度的太阳活动长期响应

由于钠原子密度具有冬季大、夏季小的季节变化特征，因此本书分别研究了冬季（12月，1月，2月）和夏季（6月，7月，8月）MLT区域钠原子密度的太阳活动长期响应。本书分别取3.2.2节中冬季和夏季钠原子柱密度月均值与相应的太阳黑子数月均值进行比较，2010—2021年冬季钠原子柱密度月均值与太阳黑子数月均值的平滑曲线比较如图3.7（a）所示，夏季钠原子柱密度月均值与太阳黑子数月均值的平滑曲线比较如图3.7（b）所示。冬季钠原子柱密度与太阳黑子数呈现出正相关趋势，而夏季的相关性则比较弱。我们求

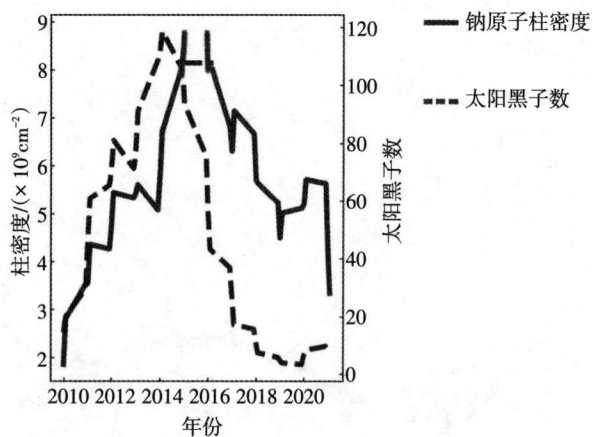

（a）冬季

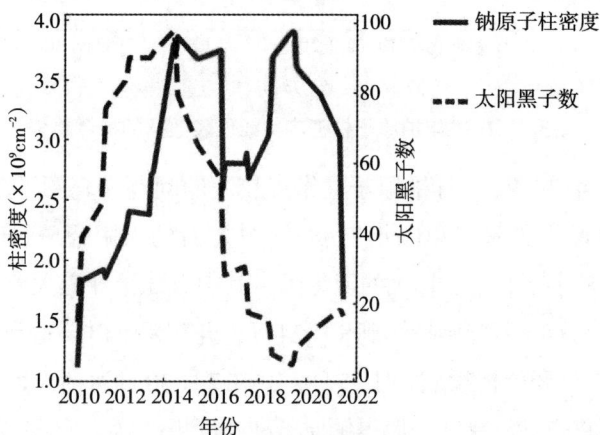

（b）夏季

图3.7 2010—2021年冬季和夏季钠原子柱密度月均值与太阳黑子数月均值的平滑曲线

出其冬季时皮尔逊相关系数为0.367，而夏季时皮尔逊相关系数为-0.056，冬季相关性更好。这可能受到北京夏季阴雨天较多，夜晚时间较短的影响，夏季整体观测时长远远小于冬季。对于夏季钠原子密度的长期变化趋势可能还需要积累更多的观测数据。

3.2.2.3 其他地区钠原子密度的太阳活动长期响应

She 等（2023）通过对1990—2017年科罗拉多州立大学/犹他州立大学的Na激光雷达密度数据进行研究，得出这28年间钠原子的平均柱密度为（3.92±2.14）× 10^{13} m^{-2}，质心高度为（91.3±1.0）km，均方根（RMS）宽度为（4.62±0.56）km；并且利用具有年度和半年度变化的拟合函数（WV）以及不包含年度和半年度变化的拟合函数（NV）对超过两个太阳周期的数据集进行回归分析，发现RMS宽度的线性趋势和太阳响应在统计学上都不显著，而柱密度和质心高度的线性趋势和太阳响应不仅具有统计学意义，而且WV和NV拟合的结果都在彼此的误差线内。如图3.8所示为柱密度和质心高度在时间序列上的拟合效果，图中点代表数据，两条曲线分别代表数据的拟合趋势和太阳通量的变化。从图3.8（b）中可以看出，柱密度呈现出较小的正趋势和正太阳响应，从图3.8（d）中可以看出，质心高度呈现出明显的负趋势和负太阳响应，WV和NV拟合的柱密度的平均趋势为（3.06±0.64）× 10^{12} m^{-2}/10a，平均太阳响应为（6.63±1.1）× 10^{10} m^{-2}/SFU，质心高度的平均趋势为（−355±35）m/10a，平均太阳响应为（−1.94±0.69）m^{-2}/SFU。

基于余教授1990—2017年获得的科罗拉多州立大学/犹他州立大学的Na激光雷达柱密度数据以及太阳黑子数据（太阳黑子：https://www.sidc.be/

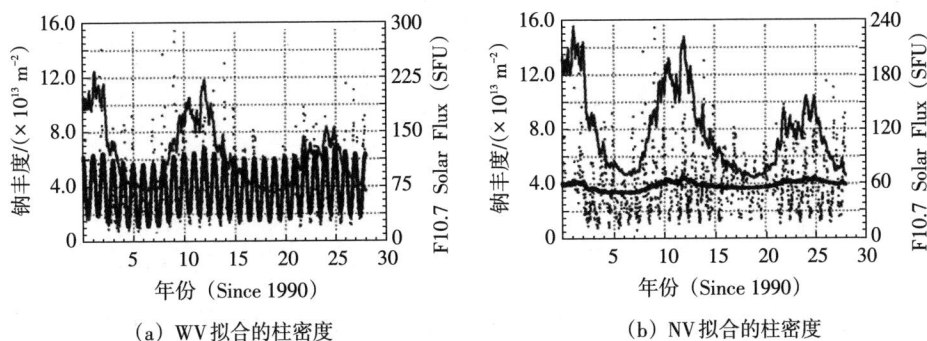

（a）WV拟合的柱密度　　　　　　　　（b）NV拟合的柱密度

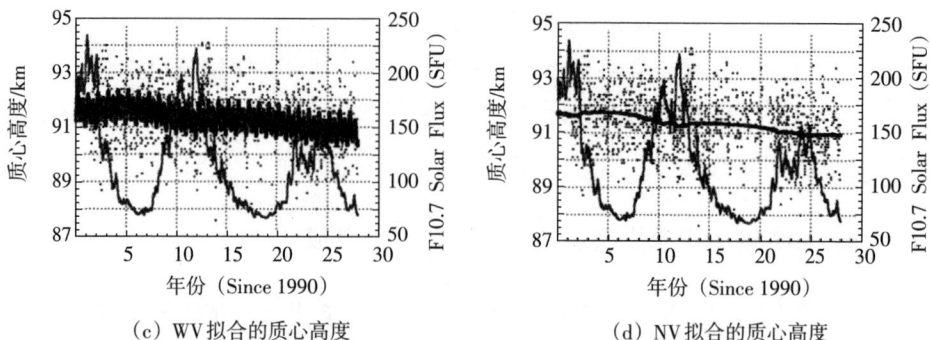

（c）WV 拟合的质心高度 （d）NV 拟合的质心高度

图 3.8 28 年跨度内太阳通量的变化（1 SFU = 10⁻²² Wm⁻²Hz⁻¹）作为参考

SILSO/datafiles），本书研究了科罗拉多州立大学/犹他州立大学上空钠层的太阳活动长期响应。首先求出 1990—2017 年钠原子柱密度的月均值，然后求出 1990—2017 年太阳黑子数的月均值，最后将钠原子柱密度月均值与相应的太阳黑子数月均值进行比较，得到钠原子柱密度月均值与太阳黑子数月均值变化的平滑曲线对比（如图 3.9 所示），图中横坐标为年份，左侧的纵坐标为钠原子柱密度，右侧的纵坐标为太阳黑子数，图中显示，钠原子柱密度与太阳黑子数呈现出正相关趋势，对于平滑后的钠原子柱密度和太阳黑子数，求出其皮尔逊相关系数为 0.256，表明钠原子柱密度与太阳黑子数具有相对较弱的正相关性，其与北京延庆地区的结论几乎是相同的：在 MLT 区域内温度变化对钠元素化学反应的影响可能大于光电离和光解离速率的变化造成的影响，而这个结论是否适用于其他地区，还需要更多的数据来做进一步分析。

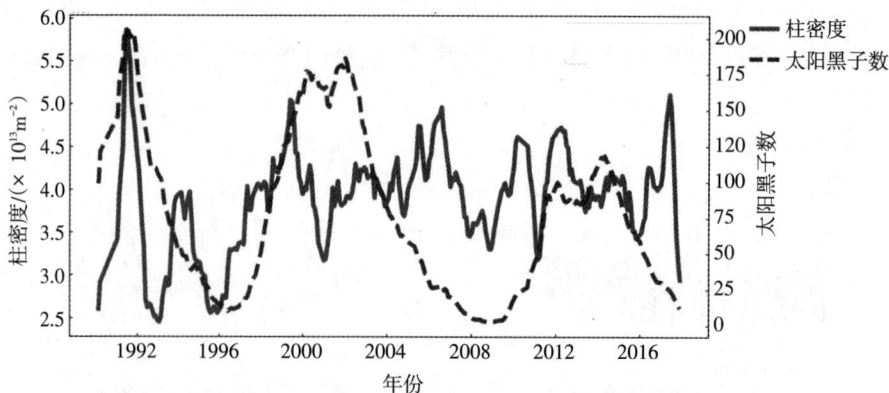

图 3.9 科罗拉多州立大学/犹他州立大学 1990—2017 年钠原子柱密度月均值
与太阳黑子数月均值的平滑曲线

3.2.2.4 钠层质心高度的长期变化

Akmaev 等（2006）报道了全球气温趋势在平流层顶与中间层区域（50~70 km）介于-2.5～-2 K/10 a，而在中层顶区域降温趋势逐渐减小，并在接近100 km时气温变化趋势转为逐年增加。Yuan 等（2019）对1990—2018年的钠激光雷达温度数据进行研究，报道了中层顶温度超过2 K/10 a 的冷却趋势。Zhao 等（2020）通过研究 SABER（sounding of the atmosphere using broadband emission radiometry）观测仪所探测的2002—2019年的温度，报道了各纬度的中层顶温度在-0.14～0 K/a 的范围内呈降温趋势，平均为（-0.075±0.043）K/a，其中40°N处的降温趋势仅为-0.003 K/a。Clemesha 等（1997）报道了圣若泽杜斯坎普斯（23°S，46°W）上空1972—1994年钠层质心高度平均每年下降（37±9）m，并且通过对大气钠层垂直分布的分析，发现钠层质心高度的下降与钠层底部凸起有关，并不仅仅是由钠剖面的简单垂直位移引起的。Clemesha 等（2003）报道了钠层质心高度的下降趋势，在对大气钠层垂直分布的研究中，发现以1979年和1995年为中心的钠层垂直分布的15年平均轮廓在大部分高度上几乎是相同的，这一结果表明钠层质心高度下降并非高层大气长期全球冷却的直接结果。

本节中，对北京延庆一个太阳活动周期的钠层质心高度变化进行分析。对钠原子质心高度做了月均值处理，并且对这些数据做了置信度分析，置信区间的计算公式为

$$ci = mean \pm stdN(ppf)[(1-\alpha)/2] \tag{3.1}$$

其中，ci 表示置信区间，$mean$ 表示样本均值，std 表示样本标准差，$N(ppf)$ 表示正态分布的百分点函数，α 是显著性水平，α 的取值跟样本量有关，本书的样本量为130，因此取 α 为0.05，对应的置信度为95%，计算得到置信区间为（91.35，91.60），即有95%的把握相信钠原子质心高度的月均值为91.35～91.60 km。如图3.10所示为2010—2021年的钠层质心高度的月平均值变化，从图中可以看出，2010—2021年的钠层质心高度呈现出上升的趋势，并且在这段时间，延庆钠层质心高度的线性趋势总共上升了（311.4±706.6）m，这与Clemesha 等（1992，1997，2003）报道的在南半球巴西圣若泽杜斯坎普斯（23°S，46°W）的钠层质心高度变化趋势不同，但可以支持 Clemesha 等（1997，2003）提出的大气钠层质心高度的趋势不是高层大气长期全球冷却的

直接后果的观点。如果是由温室气体浓度增加导致高层大气长期冷却，那么冷却将导致等压层高度的降低，从而导致该层的大气烧蚀源高度的降低，进而造成钠层质心高度的降低，而本节得到的结论中，大气钠层质心高度是升高的。Clemesha 等（1992，1997，2003）的结论和本书的结论均为钠层的质心高度下降和上升的幅度都很小，但是结果不尽相同，这可能是由于所用的数据处于不同的太阳周期或者不同的地理位置，未来还需要更多的观测来做进一步分析，另外，本书团队的钠层风温激光雷达从2017年起开展观测，未来，团队将进一步分析钠层质心高度与温度的相关性。

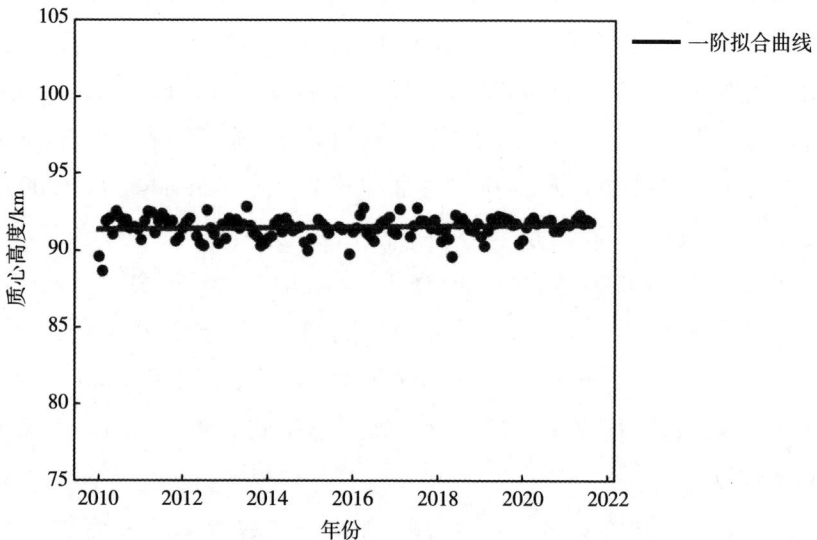

图3.10　2010—2021年钠层质心高度的月平均值变化（实线代表拟合的线性趋势）

3.2.2.5　钠层的垂直分布及上边界延伸高度

近些年来，金属层的探测上限在不断提高，从 Gong 等（2003）观测到的120 km 处的钠原子层，到 Liu 等（2016）观测到的140 km 处的热层钠层，再到 Chu 等（2011）报道的155 km 处的铁原子层，再到荀宇畅（2019）报道的200 km 处的热层钠层，针对钠层上边界升高的现象，再结合本节中的一个结论——钠层的质心高度在升高，本书猜测钠层质心高度的升高是否与钠层上边界的提高有关？于是本书对钠层的垂直分布以及上边界延伸高度进行了研究。

Clemesha 等（2003）报道了103 km 以上的密度增加可能与突发性钠层的发生率增加有关。针对103 km 以上的密度增加，本书对北京延庆2010年1月—

2021年8月的钠原子密度进行了处理，首先求出各个年份的钠原子密度年均值 n_y，然后计算每一个高度处的钠原子密度年均值 n_h，之后将各个年份每一个高度处的钠原子密度年均值除以其对应年份的钠原子密度年均值 n_h/n_y，作为这一年这一高度处的归一化密度，将同一年不同高度处的归一化密度作出折线图，如图3.11（a）所示。从该图中可以看出，各个年份的钠层垂直分布都会出现变化，103 km以上的密度有增加也有减少。为了使图像更容易观察，本书取

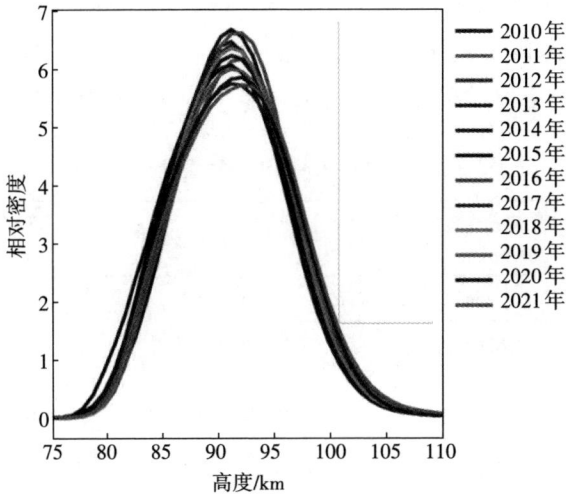

（a）垂直分布

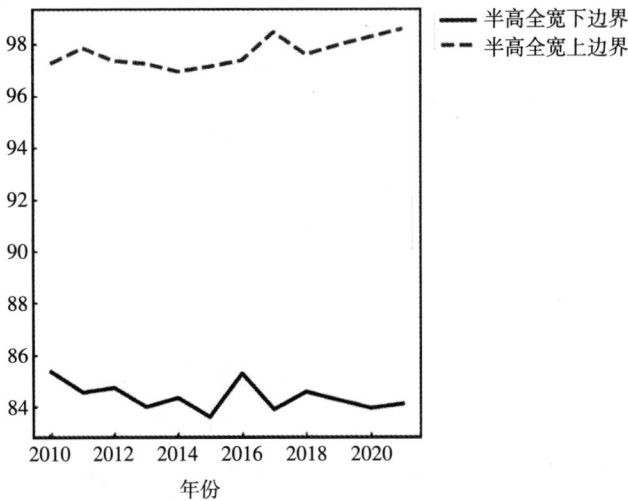

（b）上下边界的半高全宽

图3.11　2010—2021年各个年份的钠层垂直分布对比图；钠层垂直分布的半高全宽对应的高度的变化

各个年份钠层垂直分布的半高全宽对应的上下边界高度值进行比较，如图 3.11
（b）所示。从图中可以看出，2018 年之前，钠层垂直分布范围有增大也有减小。自 2018 年起，半高全宽对应的宽度范围呈扩大趋势，且上边界的高度略有增加，增加幅度为 0.332 km·a^{-1}。

为了研究钠层上边界可延伸到的最高高度，本书研究了 100~140 km 的钠层垂直分布，得出了如表 3.2 所示的 100~140 km 的钠层垂直分布，从表中的数据可以看出，钠原子密度均值的十分之一集中出现在 106~108 km 范围内；以 0.4 cm^{-3} 为探测阈值的上边界能够到达的高度并不是逐年增加的（表中"—"表示钠层上边界不在 100~140 km 高度范围，可能出现在了更高的高度）。

表 3.2　100~140 km 的钠层垂直分布的研究

年份	钠原子密度均值的十分之一处/km	钠原子密度均值/cm^{-3}	以 0.4 cm^{-3} 为探测阈值的上边界/km
2010	107.254	343.355	139.063
2011	107.085	397.821	140.541
2012	106.928	492.852	—
2013	106.752	470.929	126.704
2014	106.664	573.243	124.016
2015	106.299	722.161	—
2016	107.265	550.774	124.391
2017	107.672	592.907	137.442
2018	106.724	503.393	—
2019	107.643	499.793	—
2020	106.850	511.622	—
2021	108.723	498.142	137.264
年平均	107.126	485.296	—

徐亦萌等（2022）通过对钠荧光激光雷达 2018 年 11 月—2019 年 12 月的夜间数据进行分析，得出钠层上边界在大多数情况下可以达到 120 km。钠层上边界的季节变化表现为 5—6 月较高，2—3 月最低。本书基于北京延庆 2010 年 1 月—2021 年 8 月的钠共振荧光激光雷达数据对钠层的上边界进行了分析，用各个年份探测阈值能到 0.4 cm^{-3} 的天数除以对应年份采集数据的天数，得出了如表 3.3 所示的 2010—2021 年的钠层上边界研究，从表中的数据可以看出，

钠层上边界基本上都可以达到120 km；上边界达到130 km的概率除了2013、2014和2015年，其余年份基本维持在60%左右；上边界达到140 km的概率只有30%左右。上边界达到任何高度的概率均没有出现逐年增加的趋势。该结果表明钠层的上边界提高并不是钠层质心高度的升高引起的，近年来更高高度金属层被发现和广泛报道的主要原因更可能是激光雷达探测灵敏度的提升。

表3.3　钠层上边界可达到各个高度的概率

年份	110 km	120 km	130 km	140 km
2010	97.97%	93.92%	64.19%	40.54%
2011	99.45%	96.13%	64.64%	29.83%
2012	97.50%	92.50%	55%	20.83%
2013	100.00%	86.67%	39.39%	17.58%
2014	97.06%	89.22%	43.14%	26.47%
2015	96.43%	71.43%	35.71%	17.86%
2016	92.73%	72.73%	54.55%	29.09%
2017	100.00%	97.47%	67.09%	20.25%
2018	99.23%	92.25%	48.84%	15.50%
2019	100.00%	97.78%	75.56%	44.44%
2020	100.00%	100%	71.85%	35.56%
2021	100.00%	94.55%	65.46%	36.36%
年平均	98.80%	92.57%	58.41%	28.53%

近些年来，激光雷达的发展突飞猛进，1969年，Bowman等（1969）首次开始了激光雷达对于钠的探测，之后美国的Hake等（1972）、法国的Megie等（1977）、巴西的Simonich等（1979）、苏联的Juramy等（1981）、加拿大的Pfrommer等（2010）、中国科学技术大学的Dou等（2013）、中国科学院国家空间科学中心的焦菁（2015）、巴西的Andrioli等（2020）也开始利用激光雷达对钠原子进行探测。近几十年以来，全球范围激光器的脉冲能量在不断地提升，望远镜的直径也在不断地扩大，因此，激光雷达的探测能力在不断地增强，针对镍、钙、钾等密度较小原子的探测也在逐步开展。

推动激光雷达高灵敏度和多种类发展为中高层大气的探测和研究提供了更有效的示踪。未来，更大口径的望远镜、更强能量的激光器将会进一步推进激光雷达对更高高度、更微弱的大气金属层及以大气金属层为示踪剂的大气温度、风场、波动的探测。一些中等规模的激光雷达可以实现全日覆盖和自主操作，这将有助于收集更为长期的观测数据，使MLT区域大气密度、温度、风场长期演化趋势及其受太阳活动影响等方面的研究成为可能。

3.3 突发钠层

金属原子层也会出现一些异常的分布状况，例如，观测中发现，钠原子在狭窄高度密度会激增，这被称为突发钠层。1978年Clemesha等在圣若泽杜斯坎普斯（23° S，46° W）首次观测到这一特殊现象。之后，在高纬、中纬、低纬地区都利用地基激光雷达观测到了突发钠层现象（Heinselman et al.，1998；Fan et al.，2007；Williams et al.，2007；Simonich et al.，2008；Dou et al.，2010；Tsuda et al.，2011；Takahashi et al.，2015）。其主要分布在90 km以上（Clemesha et al.，1999），通常表现为宽度窄（FWHM通常小于4 km）、密度大（通常为普通金属层的几倍至几十倍）的特殊分布特征（Jiao et al.，2014）。此外，如图3.12所示突发钠层的发生频率、高度、密度也存在着明显的季节差异。其形成机制也多与Es层、重力波破碎引起的突然增温、流星注入、水平传播有关（Clemesha et al.，1996；Von et al.，1988；Kirkwood et al.，1991；Takahashi et al.，2015）。

本书对钠层突发（Nas）的定义参考龚顺生等（2002）的标准，如图3.12所示，钠层突发峰值密度a大于或等于3倍相同高度对应的本底钠层密度b；钠层突发峰值密度大于本底钠层峰值密度c的1/4；钠层突发半宽小于3 km；至少要出现三个连续的廓线图，即一个事件的持续时间至少为9 min。这里要提出的是，背景钠层密度是去除整个夜间有钠层突发出现的时间段的所有钠层廓线的平均；而对于一些特殊情况，钠层突发持续出现在整个观测夜，背景钠层密度获得是由没有钠层突发出现高度对应峰值最大的廓线的高斯拟合得到的。

钠层突发现象最早是由Clemesha研究小组（1978）观测发现并报道的，Clemesha等观测到了钠层密度在较短时间内迅速增大，他们认为这是由流星烧蚀作用导致的。随后，Von Zhan，Megie和Senft等人也观测报道了很多类似的现象。钠层突发现象是钠层中的一种显著的短时间尺度的特殊现象，自Clemesha等首次报道至今，这一特殊现象一直是研究者研究的热点。

一个钠层突发事件形成，首先需要有一个存贮钠原子的储蓄池，一些外力作用使得其中的钠原子在短时间内迅速释放。一些含钠的分子和离子的化学反应、电离层活动，比如偶发E层和场向不规则结构、中性风切变、中层顶大气温度变化、高纬度的极光活动和重力波的传播及破碎，这些过程和变化都会对钠层突发事件的形成产生影响。反之，如果将钠层原子作为上述这些影响参数的示踪物，也有助于研究和了解中层顶大气的变化特征和中层顶大气与上下层大气之间的耦合过程。

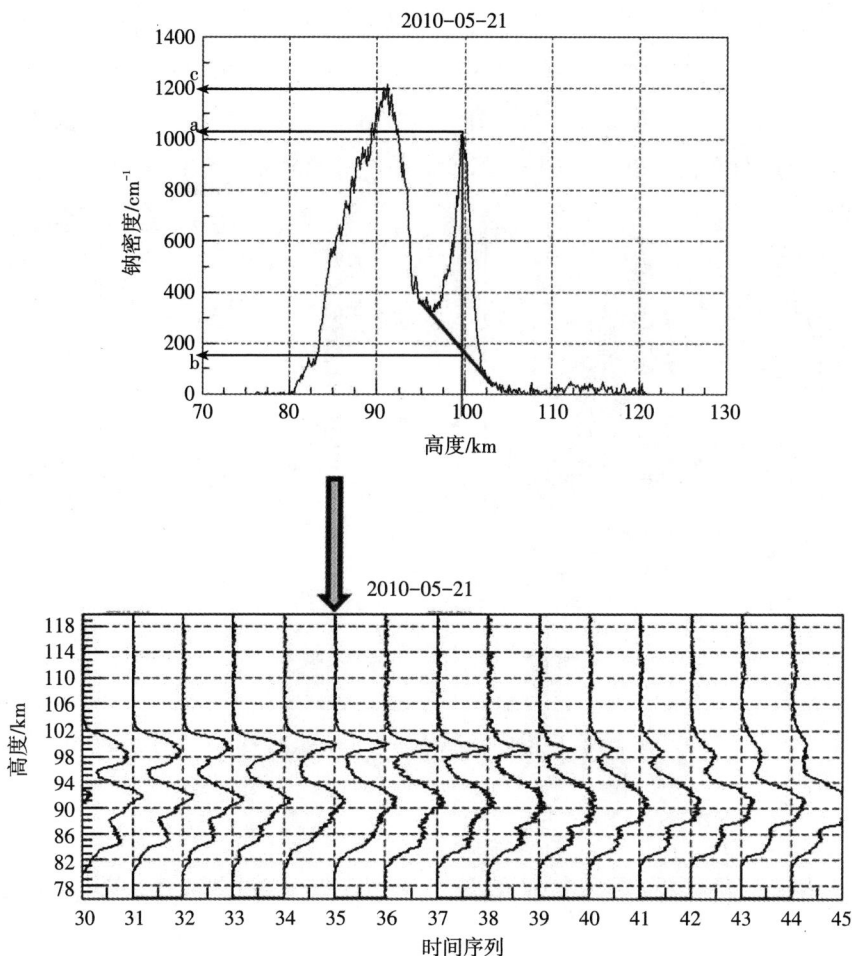

图3.12　北京上空2010年5月21日夜间的一个钠层突发事件及其峰值密度最大时的廓线图

3.3.1　钠层突发的基本参数

本书选取了北京台站2010年1月到2012年8月期间的激光雷达钠层数据，共覆盖431个观测夜，共约3360个观测小时，进行钠层突发现象的研究。共发现有190个钠层突发事件。钠层突发平均出现率的定义是总观测时间内钠层突发事件的次数与总观测小时数的比值，因此北京地区钠层突发的平均出现率约为17小时/一次事件。

图3.13是这些钠层突发事件的峰值高度、强度因子、半高全宽和持续时间的分布。从图3.13（a）可以看出，大部分钠层突发事件的峰值高度位于80～110 km的高度范围内，平均高度约为95.7 km。图3.13（b）显示，大部分钠层突发事件的强度因子在3～10的大小范围内，其中有一个事件的强度因子的值大于11，平均值约为5.4。从图3.13（c）可以看出，大部分钠层突发事件的半高全宽在0.2～3 km范围内，平均值约为1.7 km。图3.13（d）是钠层突发事件的持续时间分布，从20 min到6 h不等，平均持续时间约为1.8 h。

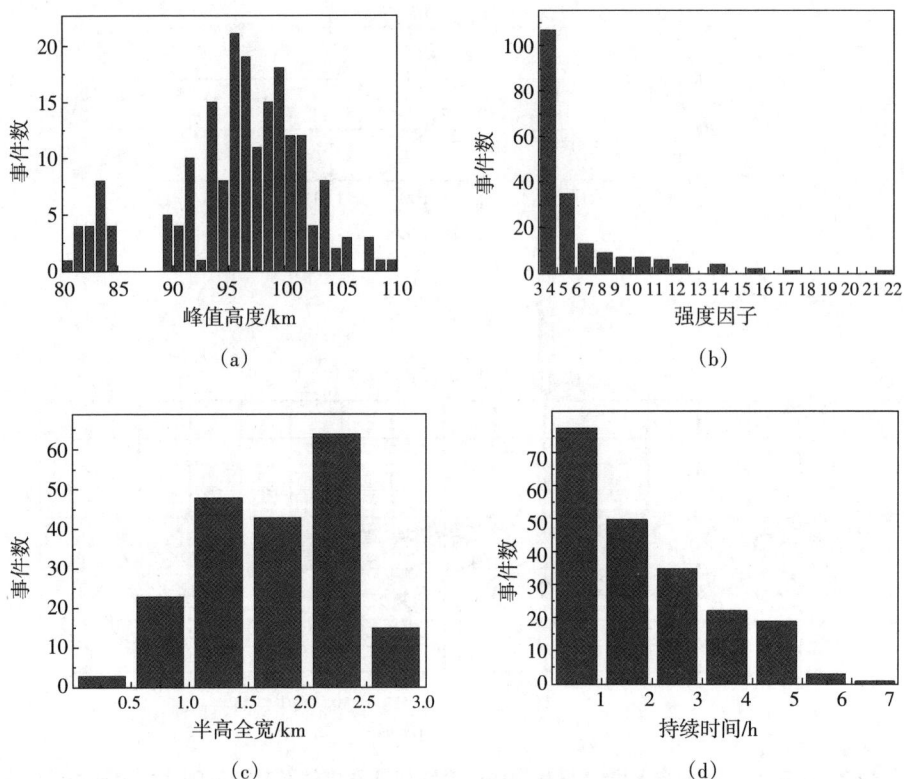

图3.13　北京钠层突发事件的峰值高度、强度因子、半高全宽、持续时间的分布

3.3.2　钠层突发的研究历程及可能形成机制

钠层突发现象自Clemesha等（1978）首次在圣若泽杜斯坎普斯（23°S）台站观测到以来，也逐渐在其他台站被众多研究者观测到。但是众研究者对这一现象的机制解释却众说纷纭。Clemesha等（1980；1988）提出了流星直接注入理论；Von Zahn等（1987b）提出了高能极光粒子撞击尘埃颗粒释放钠原子的理论（Beatty et al.，1989）；Collins等（2002）认为偶发E层中的钠离子或者含钠离子与大气中电子碰撞通过中和反应生成钠原子（Cox et al.，1998）；Zhou等（1993；1995）提出了温度调制理论。上述理论各有优点，但都不能全面地解释钠层突发的所有特点：首先钠源释放钠原子形成的钠层突发强度要达到1 $Na/(cm^{-3} \cdot s)$；其次形成钠层突发的钠源必须相对稳定；最后钠源释放机制的发生过程需集中在3 km范围内。一种完善的解释钠层突发的形成机制中首先要有能够提供突发钠原子的快速释放过程（Cox et al.，1993），还要考虑钠层突发的垂直高度范围，水平尺度，90 km以上出现频率较高而90 km以下较少出现，并且与Es的相关性、纬度分布特性等因素有关（Cox et al.，1998）。

从前人众多关于钠层突发的观测报道中可以看出，钠层突发的特征分布具有明显的纬度差异（Beatty et al.，1988；Clemesha，1995；Collins et al.，2002；Cox et al.，1993；Gardner et al.，1995；Zhou et al.，1993；Zhou et al.，1995）。先前的研究结果显示，就全球来讲，高低纬度地区的钠层突发现象出现较为频繁，而中纬度地区出现较少（Beatty et al.，1988；Beatty et al.，1989；Clemesha et al.，1988；Cox et al.，1998；Kirkwood et al.，1991；Senft et al.，1989；Zhou et al.，1993；Zhou et al.，1995）。但是近些年来的观测数据表明，亚洲中纬度地区发现有不少钠层突发现象，比如在日本东京、中国武汉和中国合肥（Nagasawwa et al.，1995；Gong et al.，2002；X-K Dou et al.，2010），随着子午工程激光雷达观测台站的建立和逐步完善，中国地区很多观测站都观测到钠层突发现象，比如山东青岛和北京等地（Ma et al.，2014；Jiao et al.，2014）。在高纬度地区，钠层突发现象多出现在午夜前后（Hansen et al.，1990；Heinrich et al.，2008）；在低纬度地区，钠层突发在午夜前和天亮前这两个时间段发生最为频繁（Kwon et al.，1988），在午夜时段较少发生（Prasanth et al.，2006）。在同一台站，钠层突发出现的高度不同，它们的形态特征也各不相同（Batista et al.，1989；Clemesha，1990；Collins et al.，2002；

Cox et al.，1998；Friedman et al.，2000；Hansen et al.，1990；Kane et al.，1993；Kirkwood et al.，1991；Mathews et al.，1993b）。

钠层突发现象存在纬度和高度上的差异，可能钠层突发在不同纬度和不同高度上的形成机制有差异（Cox et al.，1993；Gardner et al.，1995；Zhou et al.，1993；Zhou et al.，1995）。高纬度地区，常观测到钠层突发和偶发E层的同时出现（Hansen et al.，1990；Heinrich et al.，2008；Von Zahn et al.，1988）；在低纬度地区，钠层突发与Es理论和升温理论都有一定的相关性（Friedman et al.，2000；Kane et al.，1993；Kwon et al.，1988）。在90 km以下，钠层突发的形成被认为与流星尾迹有关（Beatty et al.，1988）；95 km以上，钠层突发与偶发E层有很好的相关性，一般认为钠层突发直接来源于偶发E层（Gardner et al.，1993；Hansen et al.，1990；Kane et al.，1993）。

从20世纪80年代开始，高纬度钠层突发的观测及其与其他大气参数之间的相关性分析开始得到广泛关注，先前的研究结果主要是在Andoya Rocket Range（69°N，16°E）、Andenes（挪威，69°N，16°E）和ALOMAR（69°N，16°E）这三个高纬度台站获得了大量的有关钠层突发的观测结果（Hansen et al.，1990；Heinrich et al.，2008；Von Zahn et al.，1988）。

关于高纬度钠层突发的可能形成机制如下：钠层突发的钠原子是在高能极光粒子碰撞作用下从尘埃颗粒表面释放出来的，称之为尘埃理论（Von Zahn et al.，1987b）；高纬度钠层突发与偶发E层有一定的相关性，钠层突发的出现通常伴随偶发E层的发生（Hansen et al.，1990；Von Zahn et al.，1988）；钠层突发与极光活动也有一定的相关性（Collins et al.，1996；Kirkwood et al.，1989；Kirkwood et al.，1991），高能极光粒子撞击尘埃颗粒释放钠原子（Von Zahn et al.，1987b），极光电场控制偶发E层向下传播，偶发E层可能是高纬度钠层突发的直接来源，所以极光活动也与钠层突发有一定的相关性（Kirkwood et al.，1991；MacDougall et al.，2005）。需要指出的是，高纬度的钠层突发与大气温度变化没有很好的相关性（Østerpart，2011），钠层突发与流星注入也没有时间和高度上的伴随发生相关性（Nesse et al.，2008）。

在低纬度，钠层突发的出现频率与高纬度类似，其形成机制也可能与高纬度类似（Cox et al.，1998；Miyagawa et al.，1999）。这一纬度的钠层突发多出现在90～95 km高度范围内，大部分钠层突发事件的持续时间比较长，且常伴随温度剧烈升高现象，这里的温度升高是由重力波活动导致的（Gardner et al.，1995；Qian et al.，1998）。但是，低纬度钠层突发与偶发E层之间的相关性与高纬度地区不同。在低纬度，钠层突发与偶发E层在发生时间和发生高度上的相关性不显著（Dou et al.，2009；Gong et al.，2002；Miyagawa et al.，1999）。在阿雷西博（18°N）台站，在93～97 km高度范围，钠层突发与偶发E层有很显著的相关性，但钠源可能是尘埃或气溶胶颗粒而非Es本身，低纬度Es不能够提供如此高密度的钠原子；高度较高的钠层突发分别出现在101 km和107 km高度，其峰值密度相对较低，且与Es电子密度廓线的峰值变化一致，电子浓度很高，是突发钠峰值密度的100倍，Es可能是这些高高度的钠层突发产生的源（Kane et al.，1993）。Conqui-2火箭的观测结果与上述情况类似，97 km以下，钠层突发的出现往往不伴随任何离子层的出现；而在97 km以上，钠层突发往往与离子层伴随出现（Friedman et al.，2000）。Kwon等（1988）认为钠层突发也可能与潮汐波和Es都有一定的相关性。Hecht等（1993）认为个别特殊的钠层突发与重力波有一定的相关性，重力波通过这一区域范围时激发了钠层突发的形成。Zhou等认为重力波破碎引起的大气加热能够激发可能由尘埃颗粒组成的钠源释放钠原子，研究中显示钠层突发与O_2（0，1）转动温度之间有一定的联系

先前的研究结果显示，中纬度40°N附近地区钠层突发现象极少发生（Batista et al.，1991；Beatty et al.，1988；Beatty et al.，1989；Clemesha et al.，1988；Cox et al.，1998；Kane et al.，1991；Kirkwood et al.，1991；Michaille et al.，2001；Senft et al.，1989；Zhou et al.，1993；Zhou et al.，1995）。Senft等首次对这一区域的钠层突发现象做了报道（Senft et al.，1989）。在Urbana，（伊利诺伊；40°N，88°W）台站，利用激光雷达观测到了5次钠层突发的事件，观测时间段是1988年3—4月（Beatty et al.，1988），但是这几个可能的钠层突发事件密度很高且持续时间很短，随后的研究结果表明这些是流星尾迹现象，而非通常意义上的钠层突发。随后Senft等（1989）又在该台站展开了更为详尽的观测分析，增加了观测数据量，选取了1988年一整年的观测数据，这台激光雷达有效观测夜53天，总有效观测时间约350 h，但只发现有一个钠层突发事件发生，且总持续时间不超过2 h。Gardner等（1993）也在该台站进行了金属层特性的研究，基于该激光雷达可以同时探测多种金属原子及离子层，联合观测偶发E层、铁层突发、钠层突发和Ca^+突发现象，研究结果显示，90 km高度附近出现的钠层突发现象与温度升高有关，温度结果显示温度

迅速升高约40 K，钠层突发密度峰值与温度廓线的峰值相吻合，这一观测结果支持Zhou等提出的升温理论；而100 km高度以上，钠层突发、铁层突发、Ca⁺离子层突发都与偶发E层有很强的相关性，这一观测结果支持钠层突发的Es理论。Fort Collins（科罗拉多；40.6°N，105°W）台站的钠激光雷达于2002年6月2日也观测到了一次大型突发钠事件，突发峰值高度位于101 km和104 km，突发强度超过500倍，持续时间从03:30 UT至05:00 UT（Williams et al., 2007）。钠激光雷达附近的电离层数字测高仪观测结果显示，在这次钠突发发生前30分钟，即03:00 UT，偶发E层的foEs数值高达14.3 MHz，为全年的最大值（Williams et al., 2007）。不过，温度观测结果显示这次钠突发发生前后并无明显的升温过程或者剧烈的温度梯度出现（Williams et al., 2007）。这些观测结果暗示这次发生高度较高的钠层突发极有可能直接由强突发E层中的钠离子转化生成。在科罗拉多观测到的典型突发钠层同样出现在风剪切转向附近，并且处于温度最大值区域。因此中纬度地区发生的这次突发钠层也极有可能受到与重力波相关的升温机制的控制。

3.4　低热层钠层

自从20世纪60年代激光雷达首次探测到大气金属层以来，数十年的探测发现大气金属层主要分布在80~105 km的高度范围。由Plane教授建立的、国际上最权威的大气金属层模型，其结果也显示背景大气金属层的范围是在80~105 km（Plane et al., 2015）。但是近二十年来，世界各地的激光雷达都观测到了出现在105 km高度之上的金属原子层，统称为热层金属层。热层金属层的出现，是非常难以解释的，首先，在110 km之上，钠元素就很少，并且主要以离子成分的形式存在。所以首先需要回答的问题是，是否有金属成分上升的渠道，使金属成分从主要存在高度（80~110 km）上升到更高的高度，从而解决热层金属原子的来源问题。其次，根据Plane模型的理论，在100 km以上，由于O与CO_2的比值较大，使得金属离子的寿命一般在1天以上，金属离子很难被中性化产生金属原子（Cox et al., 1998）。所以在这个高度范围内出现金属原子层，是一件很奇怪的事情。于是，探测热层金属原子层的起源及其形成机制，很快成为当今金属层研究的最热点课题。

对热层金属层的研究，有着非常深远且重要的意义。

110～200 km高度范围是大气与空间过渡区域。长期以来，由于探测手段的缺乏，该区域是人们极不了解的一个区域。但是该区域又是电离层与中高层大气耦合的关键区域。热层金属层的发现，为该区域的探索打开了一扇崭新的大门。对110～200 km高度范围内的中性成分的探测是非常缺乏的，但是该区域位于电离层F层及其与E层的过渡区域，该区域有很多关键的、尚未被了解的中性与电离成分的相互耦合、相互作用过程。热层金属原子、离子可以作为这些过程的"示踪剂"，使研究者能认识该区域的基本物理过程、获取该区域的环境特性。

热层金属层的起源、形成机制等，涉及带电粒子上行、受波动调制、金属离子中性化、流星烧蚀、带电尘埃粒子被风剪切作用等一系列过程。所以研究热层金属层的变化规律、全球分布，探索其起源、分析具体的形成机制，将使研究者能更多地认知该区域独特的动力学过程及化学过程。

目前已有的报道中，热层金属层主要包括三类：

（1）热层金属延伸层。

Höffner等（2005）报道了金属原子层可以延伸到120 km，这类金属原子层指的是金属层的上边界延伸到了较高的高度，仍然属于主金属层的一部分。

如图3.14为1998年11月21—22日在近130 km的高度探测到的钾、铁、钙原子层，金属原子的密度从主金属层的峰值高度（90 km附近）起便随着高度的增加显著降低，不存在第二个峰值。这类热层金属层有明显的季节变化，中纬度的热层延伸钾层［图3.15（a）］和热层延伸钙层［图3.15（b）］季节变化相似，在6月通常能延伸到120 km，在8月、9月能延伸到115 km，在5月、11月能延伸到110 km。低纬度的热层延伸钾层［图3.15（c）］的季节变化与中纬度不同，在6月、7月能延伸到120 km，在4月、8月能延伸到115 km。

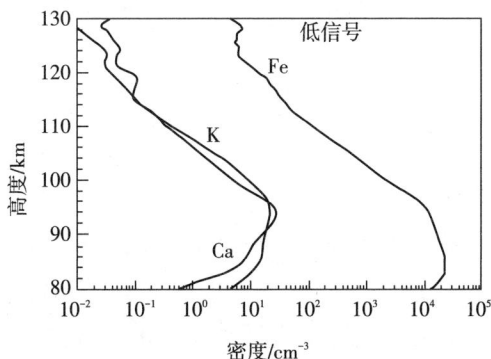

图3.14 钙、钾、铁热层延伸层

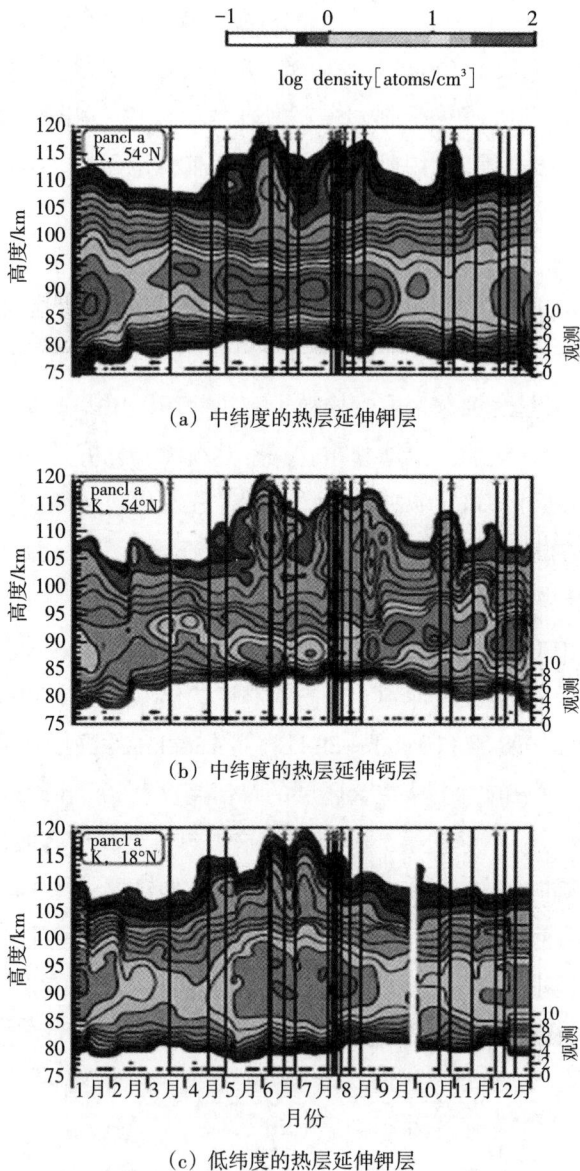

(a) 中纬度的热层延伸钾层

(b) 中纬度的热层延伸钙层

(c) 低纬度的热层延伸钾层

图3.15 热层金属延伸层的季节变化

（2）低热层金属层。

低热层金属层指的是出现在110 km附近与主金属层分离近似高斯结构的金属原子层。这类金属层也被称为"高高度突发层"（high-altitude sporadic layers）（Collins et al.，1996；Yuan et al.，2014；Ma et al.，2014）、"金属双层"（double sodium layers）（Gong et al.，2003；Wang et al.，2012）和"热层加强

金属层"（thermospheric enhanced sodium layers）（Xue et al.，2013；Dou et al.，2013）。图3.16（a）为于北京观测到的钠原子密度的垂直分布（Wang et al.，2012），主钠层分布在80~103 km，一个独立于主钠层的热层钠层延伸到了120 km。

　　Collins等（1996）第一次报道了1991年1月12—13日在Poker Flat（阿拉斯加）极光期间观测到的分布在109 km附近持续了15 min的高强度低热层钠层，其峰值密度与主钠层峰值密度接近；随后，Gong等（2003）在中国武汉（31°N，144.4°E）观测到一例持续了大约2小时的低热层钠层事件，峰值高度接近112 km，峰值密度约为主钠层峰值密度的25%，该报道中将延伸至110 km附近的低热层钠层与出现在主层高度范围内的突发钠层区分开来，引起了广泛、长期的关注。此后，研究人员利用激光雷达在高纬、中纬、低纬地区都探测到了低热层钠层事件。Xue等（2013）报道了2012年3—4月发生在中国丽江（26.7°N，100°E）的两例低热层钠层事件，其峰值密度比主钠层密度小一个量级；Wang等（2012）报道了中国北京（40°N，116.2°E）2009—2011年319个观测夜晚中所发生的17例低热层钠层事件；Dou等（2013）比较了在北京（40.2°N，116.2°E）、合肥（31.8°N，117.3°E）、武汉（30.5°N，144.4°E）和海口（19.5°N，109.1°E）2011—2012年观测到的低热层钠层的峰值密度、峰值高度、峰值时间和半高全宽等参数；Ma等（2014）利用2007—2012年在青岛（36°N，120°E）430 h的观测数据观测到了11例低热层钠层。

　　在105 km高度之上，[O]/[O$_3$]（氧原子和臭氧的密度比）迅速降低，金属离子的寿命从几分钟增加到几天（Plane et al.，2015），这意味着金属离子很难中性化形成金属原子，于是研究人员开始思考哪些因素能够加速钠的中性化。Xue等（2013）报道了2012年3—4月发生在中国丽江（26.7°N，100.0°E）的两例低热层钠层事件，表明大于4 MHz的Es事件与低热层钠层有很强的相关性，大气风场对离子的汇聚起到至关重要的作用；Yuan等（2014）报道了美国犹他大学（41.7°N，111.8°W）观测到的低热层钠层的季节变化及其与Es层的联系，指出大气压强和密度的增加促进了Es层和低热层钠层的形成。另外，含有电离成分的中性大气通过风剪切可以产生较稠密的离子薄层，可以以此来解释中纬度Es层的形成机制。

　　（3）热层金属层。

　　近几年观测到的延伸到130~170 km的金属原子层被称为热层金属层，由于其作为示踪剂，利用共振荧光激光雷达测量温度、风场可以将原有的探测高度范围扩大两倍，对中高层大气动力学和化学过程的认知、理解都具有重要意义，成为目前高层大气最前沿、最热门的研究课题之一。

Chu 等（2011）首次报道了南极麦克默多台站（77.8°S，166.7°E）分布在 110~155 km 的热层铁层；除此之外，在南极的另一个台站 Syowa（69.0°S，39.6°E），Tsuda 等（2015）也观测到了延伸至 140 km 的热层钠层，以 ~5.6 m/s 速率下行，整晚伴随着 Es 层，且在观测初期观测到极光；在低纬度阿雷西博天文台站（18.35°N，66.75°W），Friedman 等（2013）观测到延伸到 150 km 的热层钾层；Raizada 等（2015）同时观测到延伸到 150 km 的热层钠层和热层钾层；在低中纬台站，Gao 等（2015）报道了中国丽江（26.7°N，100.0°E）2012 年 3，4，12 月延伸至 140~170 km 的热层钠层；Liu 等（2016）报道了智利 Cerro Pachón（30.25°S，70.74°W）观测到延伸至 140 km 的热层钠层，并以此为基础实现了温度和风场的探测。这些热层金属层的峰值密度通常比主层密度小三个数量级且都呈下行趋势，直至消失或汇入主金属层。图 3.16（b）为于丽江观测到的钠原子密度的垂直分布（Gao et al.，2015），主钠层分布在 80~110 km，17：00 UT 时一个独立于主钠层的热层钠层延伸到了 170 km。

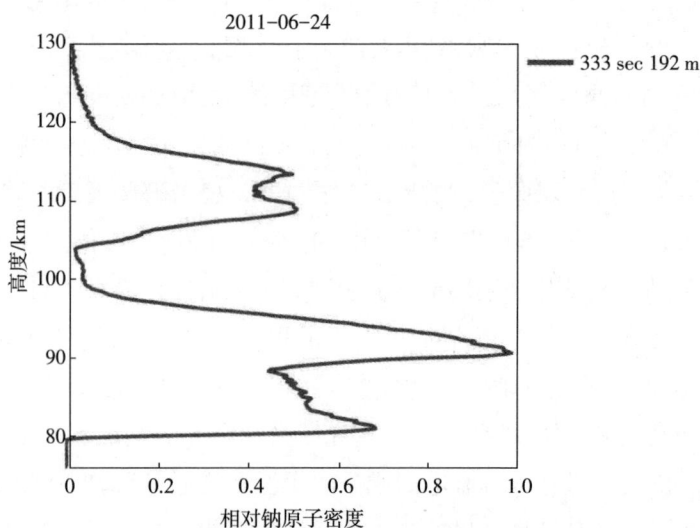

（a）于北京观测到的钠原子密度的垂直分布

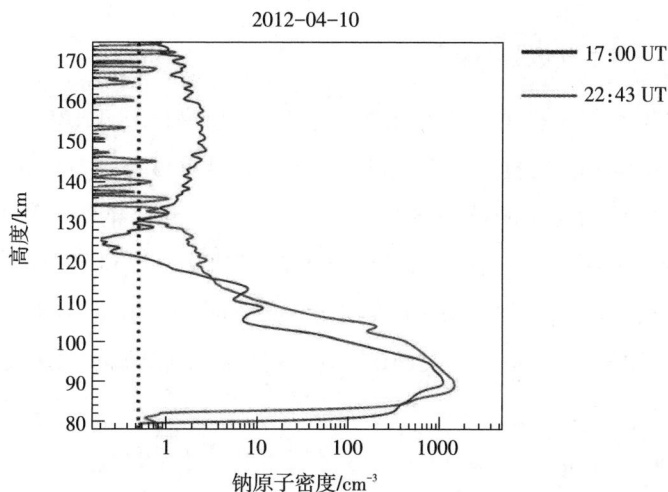

（b）于丽江观测到的钠原子密度的垂直分布

图3.16　热层钠层的垂直廓线图（Wang et al.，2012；Gao et al.，2015）

低热层钠层的发现为荧光激光雷达在湍流层顶温度和风场的观测提供了可能，因而，深入了解低热层钠层的基本参数和分布特征将为以钠原子为示踪剂研究中性大气与电离层的耦合提供珍贵的资料。1978年，Smith等研究了温带地区的截止频率大于7 MHz的Es层的气候学特征，发现Es层在夏季发生最为频繁；Wang等、Dou等和Yuan等分别在2012年、2013年和2014年报道了中国北京、合肥、武汉、海口和美国犹他州低热层钠层的季节变化：夏季发生较为频繁，冬季较为罕见；Xue等（2013）报道了2012年3—4月发生在中国丽江（26.7°N，100.0°E）的两例低热层钠层事件伴随着截止频率大于4 MHz的Es层，这些都暗示了低热层钠层和Es层之间可能的联系。本节除了对2010—2016年长达七年的低热层钠层和Es层分别做了统计比较外，还研究了低热层钠层的水平空间尺度、低热层钠层和低热层钾层的相关性等，多个角度的观测事实都为Es层中的离子中性化后形成低热层钠层提供了证据，证明了被广泛接受的风剪切理论结合离子中性化过程确实是形成低热层钠层的有效途径。但是，观测中也发现该机制并不能解释所有的低热层钠层。3.4.5节中，结合了两个40°N台站（延庆、平泉）和两个30°N台站（武汉、合肥）激光雷达在2017年6月7日同时观测到的低热层钠层，结果显示其分布特征似乎更符合垂直风场向上输运钠原子并通过水平风场扩散而形成的钠原子聚集。

3.4.1 低热层钠层的统计

低热层钠层事件的筛选标准如下：① 峰值高度高于105 km（Gong et al.，2003；wang et al.，2012）；② 形态结构与主层明显分离（Dou et al.，2013）。为了筛选出更为典型的低热层钠层时间，增加了两个条件：③ 持续时间超过1 h（从低热层钠层出现到消失或者从低热层钠层出现到下行到融入105 km以下的主层）；④ 当低热层钠层出现在最高高度时，峰值密度超过主钠层峰值密度的5%。如图3.17所示，为2010年7月6日的一例典型的低热层钠层事件。

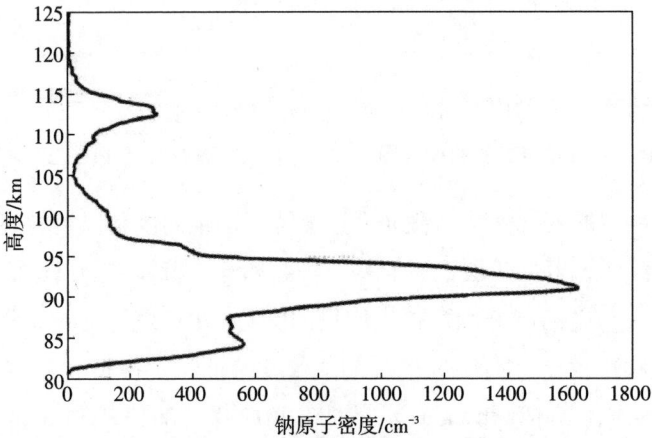

（a）钠原子密度廓线图

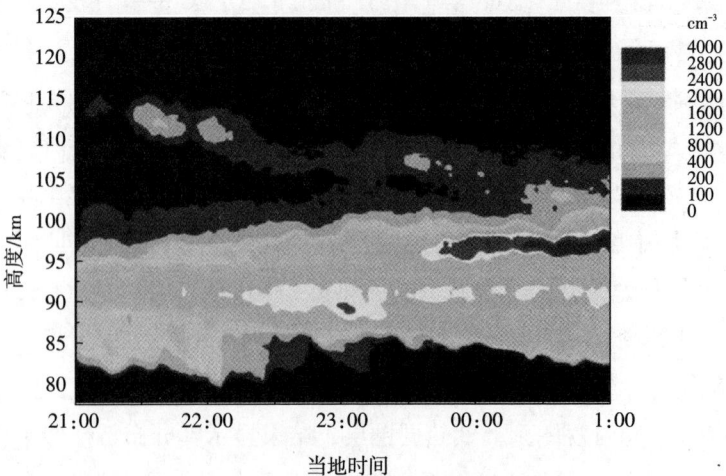

（b）钠原子密度随时间、高度的演化

图3.17　低热层钠层示例

　　图3.17（a）为2010年7月6日21：34 LT的钠原子密度廓线图，主钠层分布在80～105 km的高度范围，在105～120 km高度出现的独立于主钠层近高斯曲线的结构，称为低热层钠层。图3.17（b）为2010年7月6日整晚观测到的钠原子密度随时间和高度的演化，可以看到当晚的低热层钠层从21：05 LT出现，至次日00：20 LT融入主钠层中。主钠层分布在80～102 km，峰值密度约2000 cm^{-3}。低热层钠层最先出现在114 km的高度，与主钠层完全分离，峰值密度达到451 cm^{-3}，接近主层峰值密度的25%，低热层钠层一直呈现下行运动，逐渐融入主钠层。从21：20—22：40 LT，峰值高度从114 km下行至107 km，下行速率为5.26 km/h。之后，低热层钠层的下行速度减慢，在22：40—00：20 LT，峰值高度从107 km下行至105 km，并逐渐汇入主钠层中，平均下行速率为1.2 km/h。从22：15 LT开始，96 km处形成了突发钠层，随着低热层钠层逐渐汇入主钠层，突发钠层的密度逐渐从1200 cm^{-3}增大至4000 cm^{-3}，接近主层峰值密度的2倍。

　　本书对2010—2016年11607 h的钠荧光雷达数据做了反演，共发现38例低热层钠层事件，对每一例事件的详细参数做了统计，峰值时刻（低热层钠层密度达到最大的时刻）、初始峰值高度、峰值密度、半高全宽、峰值密度与主层峰值密度的比例如表3.4所示。

表3.4 低热层钠层详细参数列表

日期	峰值时间/LT	峰值高度/km	峰值密度/cm^{-3}	半高全宽/km	主层峰值密度/cm^{-3}	低热层与主层峰值密度对比
2010-04-27	04：36	110	130	6.8	1648	7.89%
2010-05-12	23：24	115	247	5.4	1659	14.89%
2010-05-22	21：25	111	1004	6.5	1707	58.82%
2010-05-25	22：21	115	236	5.3	1505	15.68%
2010-07-06	21：40	112	451	2.7	1706	26.44%
2010-10-27	19：57	106	286	1.2	4202	6.81%
2011-02-01	22：32	105	536	1.8	4889	10.96%
2011-05-02	22：22	110	86	4.7	1700	5.06%
2011-05-26	20：38	113	410	4.0	1656	24.76%
2011-05-30	22：28	113	201	11.5	1366	14.71%

表3.4（续）

日期	峰值时间/LT	峰值高度/km	峰值密度/cm⁻³	半高全宽/km	主层峰值密度/cm⁻³	低热层与主层峰值密度对比
2011-05-31	22:27	105	272	4.2	2087	13.03%
2011-06-24	23:30	110	882	9.5	1666	52.94%
2011-06-25	21:49	110	652	7.4	1670	39.04%
2011-08-10	22:02	105	183	2.7	2723	6.72%
2011-08-16	22:44	106	140	6.6	2591	5.40%
2012-02-03	23:20	105	253	1.5	3552	7.12%
2012-05-02	23:27	115	219	8.9	2923	7.49%
2012-06-10	23:41	115	137	5.7	1644	8.34%
2012-07-01	21:40	118	198	7	2175	9.10%
2013-01-16	00:12	109	267	3.6	5238	5.10%
2013-01-17	22:51	105	293	4.2	5239	5.59%
2013-05-10	23:42	111	90	5.5	1838	5.00%
2013-05-19	23:10	113	323	3.5	2754	11.73%
2013-06-11	21:38	108	299	4.5	2686	7.41%
2013-07-05	21:21	105	237	1.7	1600	14.81%
2013-07-16	21:17	113	109	5.2	1449	7.52%
2014-04-30	21:06	105	253	1.6	4187	6.04%
2014-05-04	00:23	111	446	6.6	3322	13.43%
2014-05-25	23:51	108	556	3.1	3163	17.58%
2014-07-25	22:36	106	287	1.7	2211	12.98%
2014-07-27	21:57	106	759	2.8	2873	26.00%
2015-06-01	22:44	110	330	9.8	3380	9.76%
2016-04-07	02:12	107	139	0.6	2502	5.56%
2016-05-03	23:01	110	349	2.0	1831	19.06%
2016-05-12	02:16	113	503	10.8	4519	11.13%
2016-05-16	20:07	108	217	1.5	3004	7.22%
2016-08-19	22:41	105	707	4.3	3405	20.76%
2016-09-08	19:50	106	386	3.0	4375	8.82%

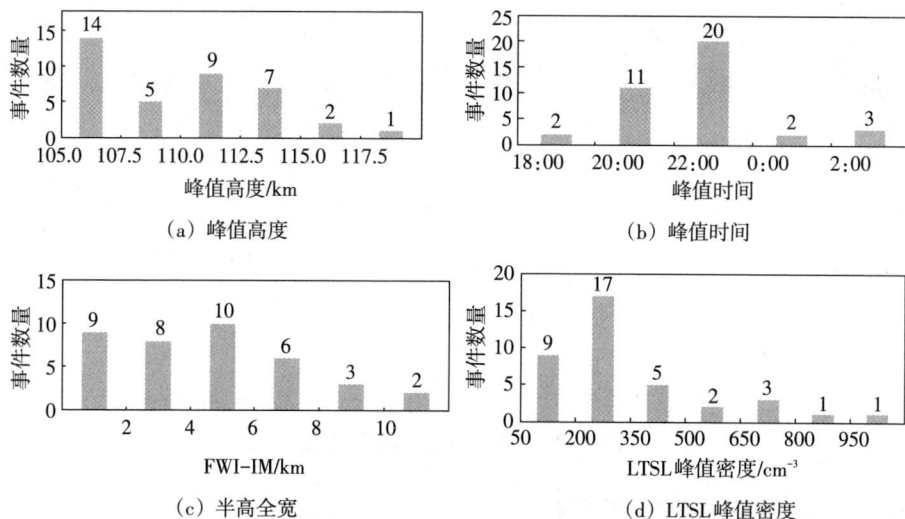

（a）峰值高度

（b）峰值时间

（c）半高全宽

（d）LTSL峰值密度

图3.18　低热层钠层的参数统计

图3.18为低热层钠层峰值高度、峰值时间、半高全宽、峰值密度的统计。从图3.18（a）中可以看出低热层钠层分布在105～120 km的高度范围内，平均高度为109.5 km；从图3.18（b）中可以看出低热层钠层的峰值时间横贯黄昏18：00 LT至次日黎明05：00 LT，但主要集中在午夜前20：00—00：00 LT；从图3.18（c）中可以看出低热层钠层的宽度分布在1～12 km，平均半高全宽为4.7 km；从图3.18（d）可以看到低热层钠层的峰值密度差别很大，在50～1000 cm⁻³，但都远远小于普通钠层的密度，并且，大多数低热层钠层的峰值密度都不超过350 cm⁻³。与Jiao等（2014）报道的北京上空突发钠层的参数相比，低热层钠层具有高度高、密度小的特点，但是达到峰值的时间与突发钠层发生的时间几乎一致。

3.4.2　低热层钠层的季节变化

图3.19（a）展示了低热层钠层在每个月份的发生频率（低热层钠层的发生次数/总的观测时长）；图3.19（b）显示激光雷达每个月的观测时长都超过300 h，对于低热层钠层季节变化的研究有着充足的样本量。低热层钠层具有明显的季节变化，5—7月发生最为频繁，4，8月次频繁，而在其他月份极少发生，其中在1，2月分别共有两例低热层钠层事件，在9，10月分别只有一例低热层钠层事件，在3，11，12月没有观测到低热层钠层。这与之前报道过的北半球的突发钠层、Es层季节变化一致（Jiao et al.，2015；Dou et al.，2013；Yuan et al.，2014）。

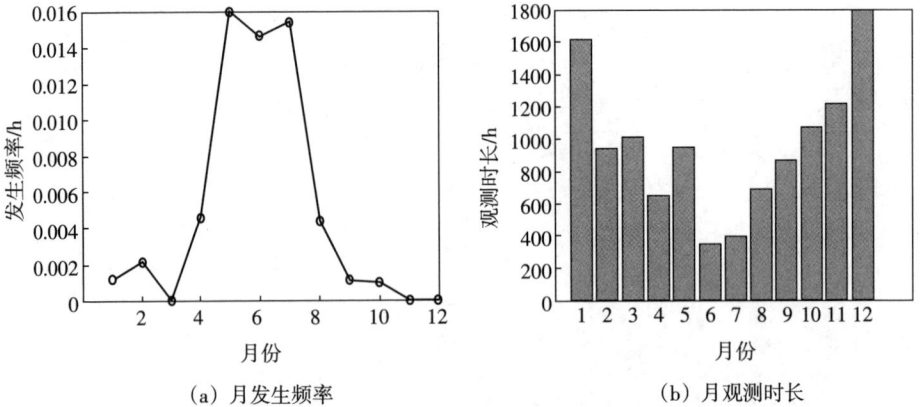

（a）月发生频率 　　　　　　　（b）月观测时长

图3.19　低热层钠层的季节变化

3.4.3　低热层钠层的年变化

如图3.20（a）所示，低热层钠层的发生频率也并非始终如一，基于七年的观测数据，发现一个有趣的现象，低热层钠层的出现频率和太阳黑子数相关[图3.20（b）]。在太阳活动较弱的2010，2011，2013，2016年，低热层钠层的发生频率较高，而在太阳活动较强烈的2012和2014年，低热层钠层偃旗息鼓，发生频率不到0.0025。唯一的例外2015年，太阳活动较弱，而热层钠层的发生率也极低，这可能是因为当年在低热层钠层高发的7，8月，激光雷达系统更新，未开机观测，数据不足。

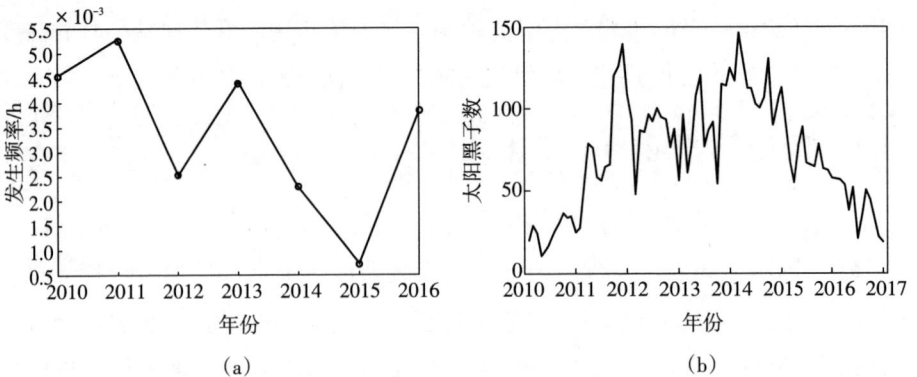

（a）　　　　　　　　　　　　（b）

图3.20　热层钠层与太阳黑子数年变化

太阳活动对于中高层大气金属层的影响主要是通过引起温度、光电离和光离解比率的变化导致的（Dawkins et al.，2016）。在金属层的顶部，金属原子通过光致电离和电荷转移形成金属离子，如式（3.2）～式（3.4）。温度和光致电离都与太阳活动周期有关（Forbes et al.，2014）。而强的太阳活动会通过增强光电离作用加速［式（3.2）］，并通过温度的提升加速［式（3.3）、式（3.4）］，从而使得较高高度的金属原子含量降低，这可能是低热层钠层与太阳活动存在负相关趋势可能的原因。

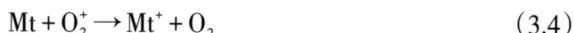

$$Mt + hv \rightarrow Mt^+ + e^- \tag{3.2}$$

$$Mt + NO^+ \rightarrow Mt^+ + NO \tag{3.3}$$

$$Mt + O_2^+ \rightarrow Mt^+ + O_2 \tag{3.4}$$

3.4.4　低热层钠层与Es层

Es层（sporadic E layer）是在电离层E层高度范围出现的电离增强的薄层，厚度在1 km以下，水平空间尺度通常达几千米到几百千米，而且会以20～300 m/s的速率漂移（左小敏，2008）。背景E层的电子密度在白天约为2×10^5 cm^{-3}，在夜间由于太阳电离的减弱，电子密度约为2×10^3 cm^{-3}，在Es层出现的时候，电子密度会上升到2×10^5 cm^{-3}左右，可以反射高频无线电波，从而被测高仪探测到。

有一些报道强调了低热层钠层和Es层同时出现，指出低热层钠层与Es层之间可能的联系。Yuan等（2014）观测到低热层钠层的季节变化与Es层极其相似，且Es层通常比低热层钠层提前两小时出现。Xue等（2013）报道了与Es层出现时间、高度、强度一致的两例低热层钠层事件。

本书筛选了2010—2016年持续时间长、强度高的Es层事件，筛选标准如

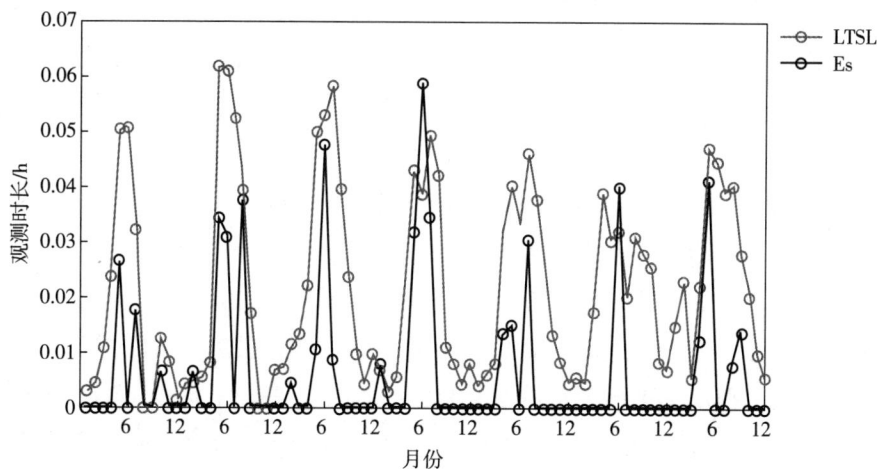

（a）低热层钠层与Es层逐月发生率

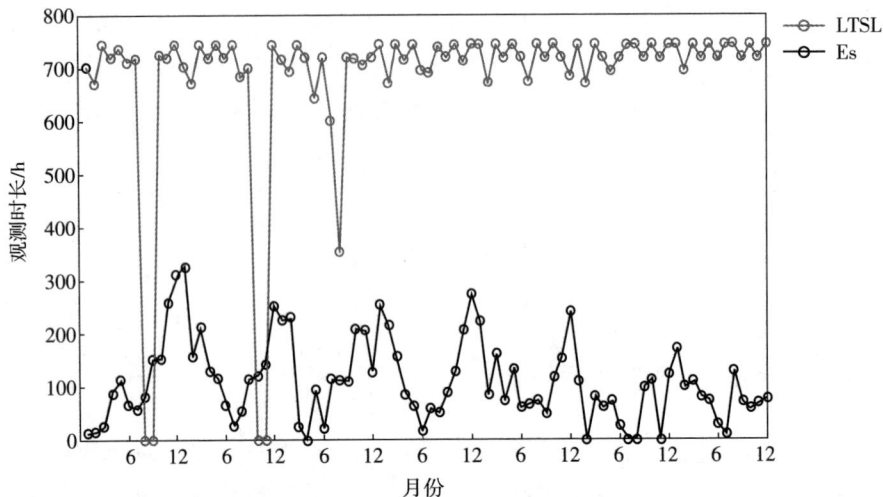

（b）激光雷达与测高仪逐月观测时间

图3.21 热层钠层与Es层的逐月变化

下：虚高 > 105 km；持续时间超过 1 h；临界频率 > 3.5 MHz。图 3.21（a）为低热层钠层和 Es 层发生率的逐月比较，对于两者的统计结果进行比较分析，虽然 Es 层的发生率比低热层钠层高，但两者在季节上有着非常相似的趋势，均集中在 5—8 月发生，而在冬季通常销声匿迹。

为了进一步研究低热层钠层与 Es 层的相关性，本书对延庆台站观测到的 38 例低热层钠层逐例与 Es 层进行比较。结果显示低热层钠层在出现时间、高度上均与 Es 层密切关联。本书认为在同一高度，低热层钠层开始时刻前后两小时内有 Es 事件发生，则两者相关；否则不相关。表 3.5 中罗列了 2010—2016 年观测到的每一例低热层钠层事件开始发生的时间，以及与开始时间最接近的 Es 层的时间、虚高、临界频率。从表 3.5 中可以看出，共有 36 例相关，占总事件的 94.7%；2013 年 5 月 10 日、2014 年 5 月 4 日两例低热层钠层事件与 Es 层不相关，占总事件的 5.3%。而大多数 Es 层事件在出现的时间和高度上与低热层钠层事件几乎一致，图 3.22 为两个低热层钠层与 Es 层同时随时间和高度演化的典型示例，其中一例发生在 2010 年 7 月 6 日，低热层钠层与 Es 层出现在几乎整个观测夜间；另一例发生在 2010 年 10 月 27 日，低热层钠层和 Es 层都只发生在 22:00 LT 之前。伪彩图表示钠原子密度随时间、高度的演化，单位为 cm^{-3}，误差棒表示当日观测到的 Es 层，中心位置表示电离层的虚高，从中心位置到末端的长度表示临界频率的大小（1 km 代表 1 MHz）。可以看到低热层钠层与

表3.5 2010—2014年Es层的参数统计

日期	低热钠层出现时间/LT	Es高度/km	Es时间/LT	Es临界频率/MHz
2010-04-27	3:34	136	2:30	2.51
2010-05-12	22:59	114	21:00	3.70
2010-05-22	21:22	116	20:36	7.90
2010-05-25	20:52	118	21:06	5.85
2010-07-06	21:26	116	21:36	4.20
2010-10-27	19:20	110	19:06	3.80
2011-02-01	18:22	107	19:00	2.99
2011-05-02	21:42	109	20:00	3.30
2011-05-26	20:38	115	21:00	4.55
2011-05-30	21:40	114	21:00	7.15
2011-05-31	22:27	110	21:00	3.05
2011-06-24	21:48	113	21:00	5.55
2011-06-25	21:14	115	21:00	4.75
2011-08-10	21:07	105	22:00	2.75
2011-08-16	21:29	113	20:00	5.40
2012-02-03	23:20	107	23:00	3.48
2012-05-02	21:39	106	21:00	3.48
2012-06-10	23:18	111	23:00	2.91
2012-07-01	21:40	111	20:00	5.10
2013-01-16	23:02	105	21:35	3.67
2013-01-17	22:51	105	21:05	4.25
2013-05-10	22:41			
2013-05-19	21:03	113	22:00	5.55
2013-06-11	21:38	113	21:00	8.27
2013-07-05	20:33	120	19:05	3.85
2013-07-16	20:38	112	20:00	12.07
2014-04-30	20:04	113	20:00	2.30
2014-05-04	22:24			
2014-05-25	19:24	115	18:00	5.85
2014-07-25	18:30	108	18:00	5.90
2014-07-27	20:36	114	20:00	2.40
2015-06-01	20:53	115	21:00	7.14
2016-04-07	21:16	109	20:00	4.20
2016-05-03	20:03	120	20:00	5.70
2016-05-12	20:13	114	20:00	6.86
2016-05-16	19:47	110	19:00	5.90
2016-08-19	20:08	115	20:00	6.04
2016-09-08	19:36	124	20:00	5.62

Es层在高度上也几乎完全重合。

如图3.22（a），在2010年7月6日有效观测的21:00 LT至次日01:00 LT，都可以清晰地看到低热层钠层和Es层的同时演化。在主钠层（80～102 km）上部，21:10 LT，低热层钠层分布在113～116 km，峰值密度为118 cm^{-3}，同一时刻，115 km处也观测到了截止频率为4.2 MHz的Es层；到了21:30 LT，低热

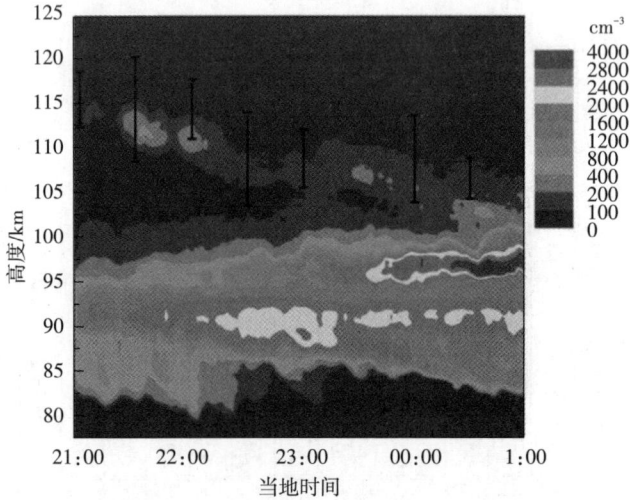

（a）延庆（2010-07-06）

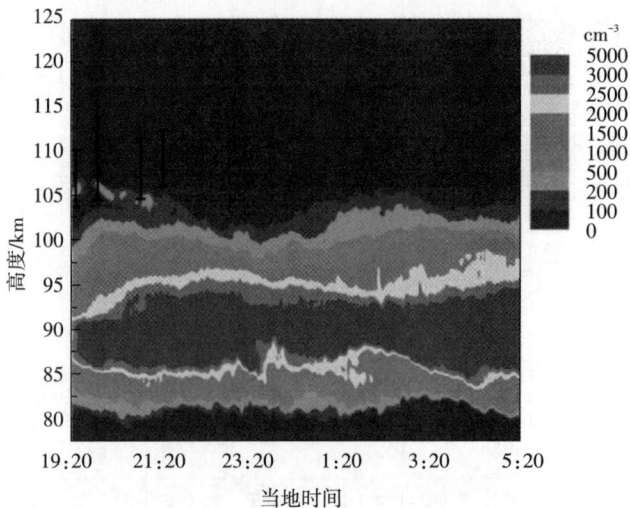

（b）延庆（2010-10-27）

图3.22 钠原子密度与Es层的演化

层钠层的峰值密度下降到112 km，密度值达到最大（451 cm⁻³），此时Es层的截止频率也达到当夜最大值6.6 MHz；随后低热层钠层开始下行，到01:00 LT观测结束时，已基本汇入105 km以下的主钠层中，下行速率为3.15 km/h，而Es层逐渐下行至108 km，下行速率也与低热层钠层相吻合。如图3.22（b）所示，在2010年10月27日有效观测时间为19:20 LT至次日05:20 LT，但低热层钠层和Es层都只出现在19:20 LT至22:00 LT。观测初始时刻，低热层钠层出现在105～107.5 km，峰值密度为286 cm⁻³，Es层出现在106 km，截止频率为3.8 MHz。19:50 LT后，低热层钠层逐渐下行并汇入主钠层，下行速率为2.24 km/h，Es层也逐渐下行，并且在22:00后也没有再出现。

　　图3.23为2013年5月10日低热层钠层的密度演化图与事件发生前后共6小时的频高图，可以看到，2013年5月10日22:40—00:35 LT存在非常明显的低热层钠层，从115 km处逐渐下移，汇入主钠层，但从图3.23（b）可见当日并没有Es层出现。

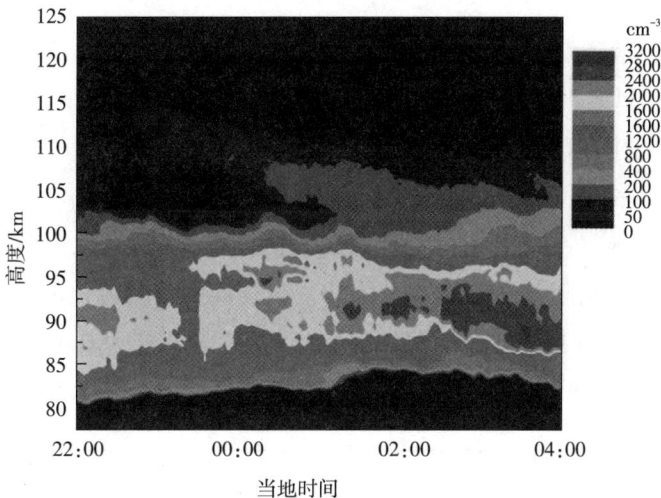

（a）延庆2013年5月10日钠原子密度的演化

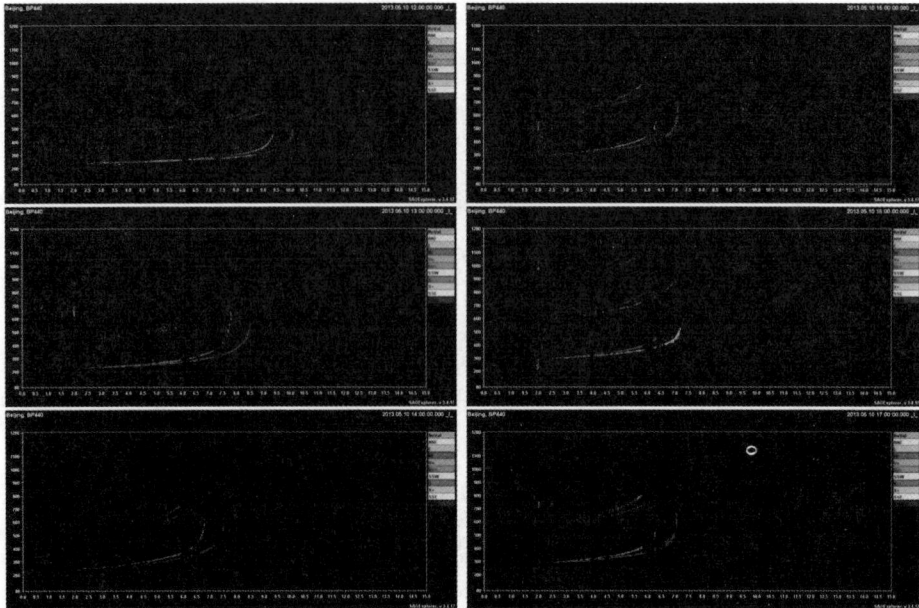

（b）2013年5月10日20:00 LT—11日1:00 LT频高图

图3.23　低热层钠层未伴随Es层事件

图3.24显示了低热层钠层与Es层在高度、时间、强度方面的差异，对于大多数事件，两者的差异微乎其微。大多数低热层钠层和Es层都分布在105～125 km的高度，低热层钠层的平均高度为109.5 km，Es层的平均高度为112.5 km。在36例低热层钠层和Es层相关的事件中，共有29例事件Es层的高度高于低热层钠层（81%），34例事件两者的高度差小于10 km（94%），其中25例事件两者的高度差小于5 km（70%）。低热层钠层和Es层的时间差别小于120 min，27例事件Es层在低热层钠层出现之前就出现了，其中有15例事件Es层和低热层钠层的开始时间相差在30 min（42%），14例事件Es和低热层钠

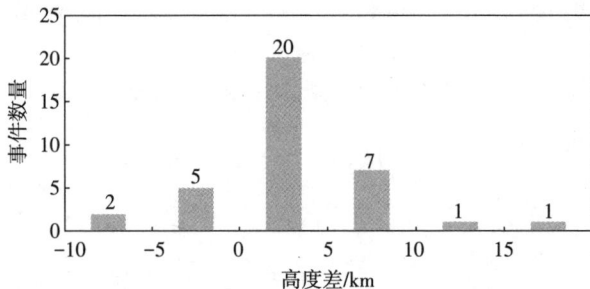

（a）

（b）

（c）

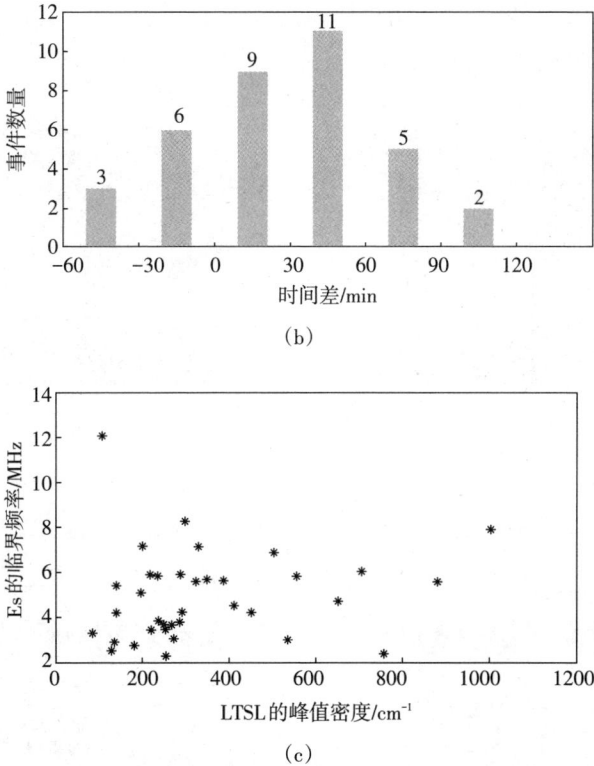

图3.24 低热层钠层与Es的相关性统计

层的开始时间相差30 min～1 h（39%）。此外，有5例事件Es和低热层钠层的开始时间相差1～1.5 h（14%）。只有两例低热层钠层在Es出现90 min后才开始出现［如图3.24（b）所示］。图3.24（c），横轴代表低热层钠层的峰值密度，纵轴代表Es层的临界频率，随着低热层钠层的密度增加，对应着Es层的临界频率的增加，特别是低热层钠层的峰值密度小于600 cm⁻³的事件。

3.4.5 低热层钠层的水平空间尺度

2016年，在距延庆台站237 km的平泉台站也积累了充足的钠原子层观测数据。在延庆台站观测到低热层钠层的6个夜间中，4个夜间平泉台站也进行了激光雷达观测，而且都观测到了低热层钠层事件，如图3.25所示。其中4月7日、5月12日、8月19日3个夜间，延庆台站［图3.25（a）、图3.25（c）、图3.25（e）、图3.25（g）］和平泉台站［图3.25（b）、图3.25（d）、图3.25（f）、图3.25（h）］图观测到的低热层钠层的高度、宽度、密度等参数都非常相似，唯有5月

16日两个台站观测到的低热层钠层差别较大。可以看到，大多数低热层钠层具有超过250 km的水平空间尺度。

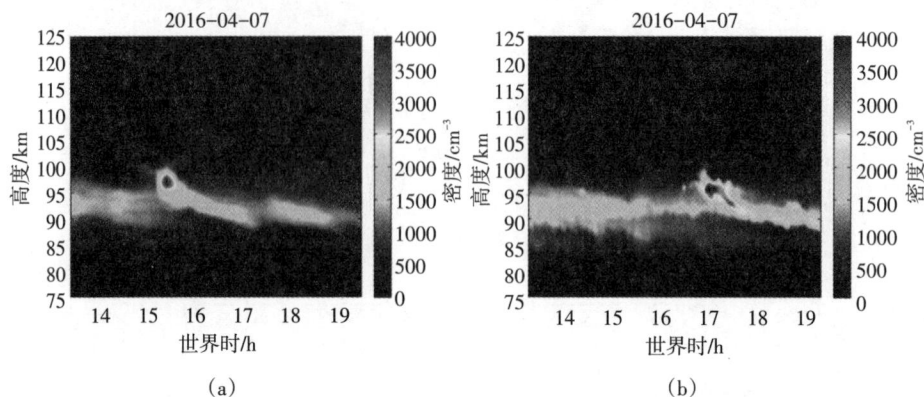

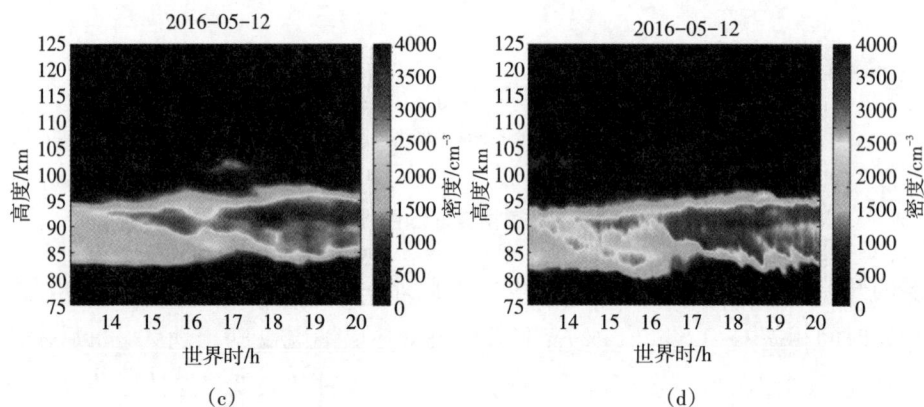

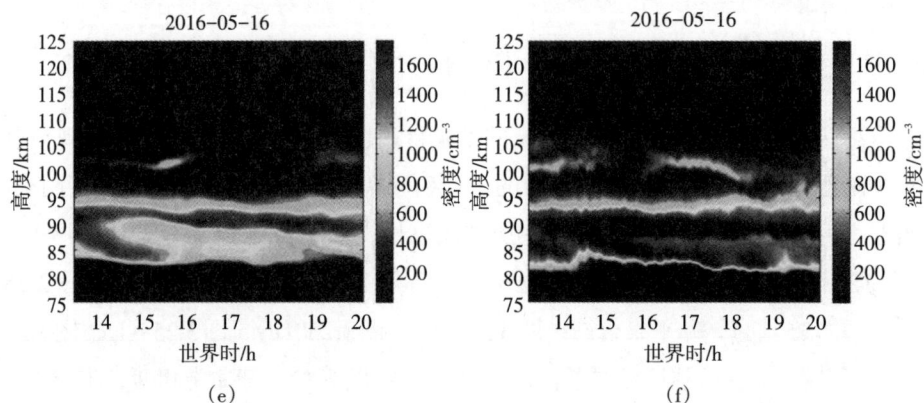

（a）

（b）

（c）

（d）

（e）

（f）

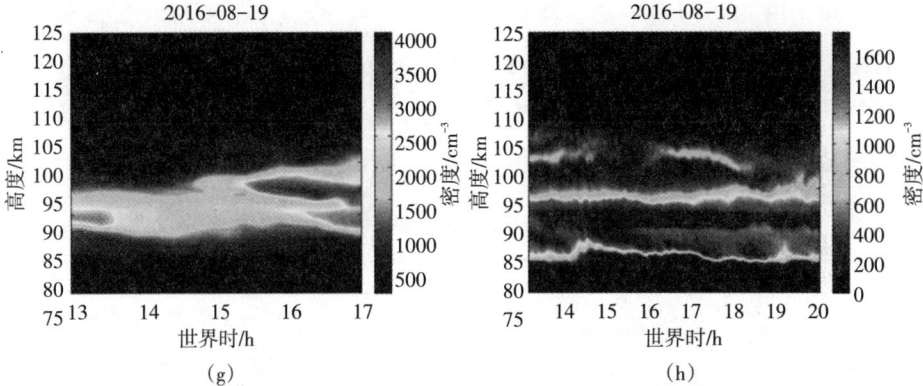

图3.25　延庆、平泉同时观测到的低热层钠层事件

3.4.6　低热层钠层与潮汐活动的相关性

中高层大气受到各尺度波动过程的影响，主要包括重力波、潮汐波和行星波。重力波是由于地形、对流、风切变等因素在低层大气产生的扰动；潮汐波是大气吸收太阳辐射后周期性加热引起的；行星波是由大气的不稳定造成的从地面到电离层高度都存在的一种扰动（姜国英 等，2010；李静，2018；Yiğlt et al.，2018）。其典型的时间尺度和水平波长总结在表3.6中。

表3.6　大气波动的尺度

大气波动	典型的时间尺度	典型的水平波长
重力波	几分钟到几小时	几 km 到 100 km
潮汐波	24，12，8，6 h	几千 km
行星波	2，5，10，16 d	几千 km 到几万 km

前面内容介绍了低热层钠层的空间尺度超过250 km，而且低热层和大尺度的Es相关性很好，加之低热层钠层一般在一个观测夜（10 h左右）只观测到出现一次，这些都暗示了低热层钠层可能与潮汐活动相关。Xue 等（2013）也报道了两例低热层钠层展现出潮汐引导的下行移动，本书猜测延庆台站观测到的低热层钠层很可能也受到了潮汐波动的调制。本书将延庆台站观测到的38例低热层钠层事件逐例分析，结果显示有25例低热层事件呈现出下行趋势，逐渐汇入主钠层，还有13例低热层钠层事件从出现到消失，都始终分布在同一高度，没有展现出潮汐诱导的下行趋势。

本书将低热层事件的下行速率和相同高度CTMT模式中潮汐的周日潮和半日潮的相速率做了比较，罗列在表3.7中。表中第二、三列表示CTMT模式中纬向风潮汐周日潮、半日潮的相速度，9月和10月周日潮在低热层钠层出现的高度呈现上升趋势，用"—"表示；第四、五列表示CTMT模式中经向风潮汐周日潮、半日潮的相速度；第七列表示低热层钠层事件的下行速度，"—"表示无下行；第八列表示低热层钠层月平均下行速率。将第八列与第二、三、四、五列的数据作对比，可以看到，低热层钠层的下行速率和潮汐相速度相当。

表3.7 低热层钠层下行速率与潮汐相速率的比较

月份	纬向风周日潮汐相速度	纬向风半日潮汐相速度	经向风周日潮汐相速度	经向风半日潮汐相速度	日期	低热层钠层下行速率	低热层钠层月平均下行速率
1月	3.6	5.5	2.5	2.7	2013-01-16	8.14	4.88
					2013-01-17	1.62	
2月	3.1	6.3	2.1	3.1	2011-02-01	—	1.07
					2012-02-03	1.07	
4月	2.7	2.2	1.9	3.0	2010-04-27	—	3.84
					2014-04-30	3.84	
					2016-04-07	—	
5月	3.6	5.0	1.64	3.1	2010-05-12	3.36	3.53
					2010-05-22	1.96	
					2010-05-25	10.59	
					2011-05-02	—	
					2011-05-26	1.47	
					2011-05-30	1.71	
					2011-05-31	—	
					2012-05-02	2.19	
					2013-05-10	3.60	
					2013-05-19	4.22	
					2014-05-04	3.84	
					2014-05-25	3.02	
					2016-05-03	4.50	
					2016-05-12	—	
					2016-05-16	2.50	
6月	2.8	4.6	2.0	5.0	2011-06-24	—	4.40
					2011-06-25	10.27	
					2012-06-10	1.23	

表3.7（续）

月份	纬向风周日潮汐相速度	纬向风半日潮汐相速度	经向风周日潮汐相速度	经向风半日潮汐相速度	日期	低热层钠层下行速率	低热层钠层月平均下行速率
					2013-06-11	1.70	
					2016-06-01	—	
					2012-07-01	2.31	
					2013-07-05	—	
					2013-07-16		
					2014-07-25	—	
					2014-07-27	2.40	
8月	3.6	5.0	2.0	4.1	2011-08-10	—	3.0
					2011-08-16	3.00	
					2016-08-19	—	
9月	—	5.0	1.7	3.3	2016-09-08	5.00	5.00
10月	—	5.0	1.7	3.2	2010-10-27	2.24	2.24

此外，仍然有13例（近三分之一）的低热层钠层从开始出现到消失始终分布在同一高度，几乎没有任何下行的趋势。图3.26所示为2016年5月12日观测到的低热层钠层，从13:05 UT观测开始，低热层钠层出现在104～108 km，在14:40 UT，低热层钠层突然消失，其间低热层钠层一直分布在同一高度，17:30 UT低热层钠层再次出现，分布高度从104～108 km扩展到100～117 km，但是没有随潮汐活动下行的趋势。

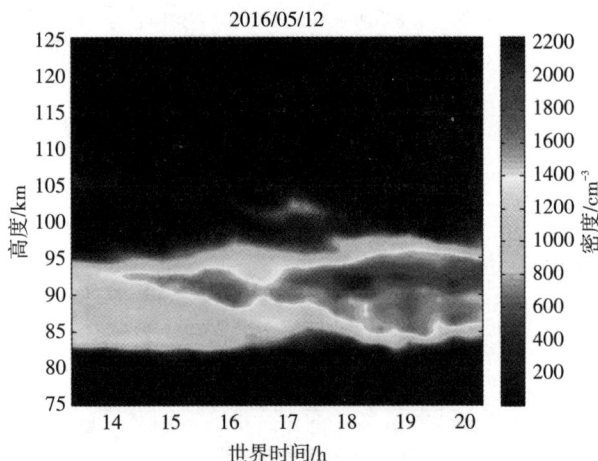

图3.26 2016年5月12日观测到的无下行趋势的低热层钠层

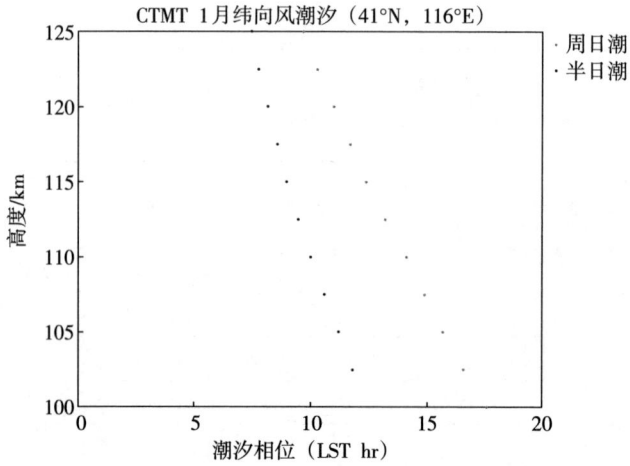

（a）

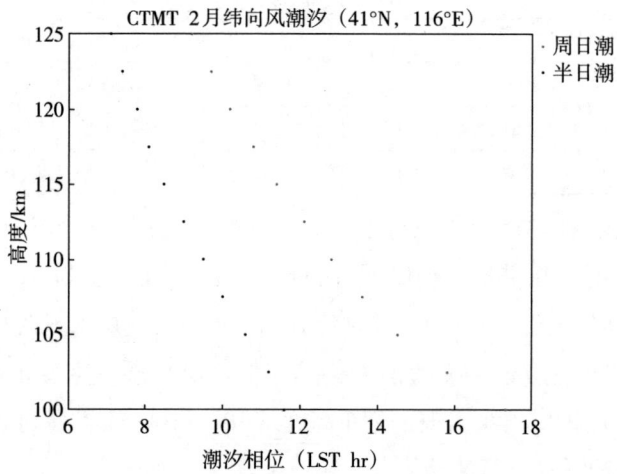

（b）

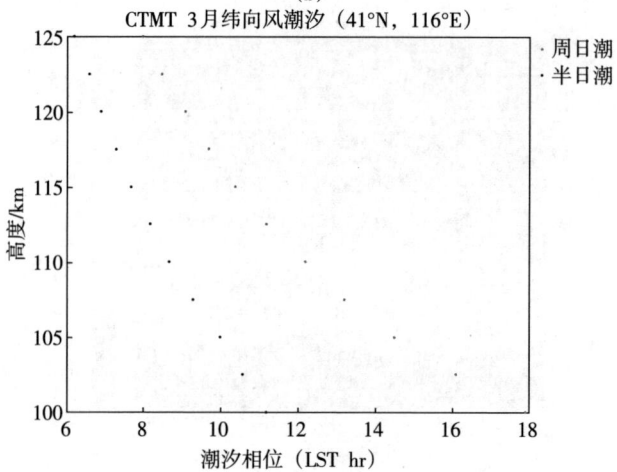

（c）

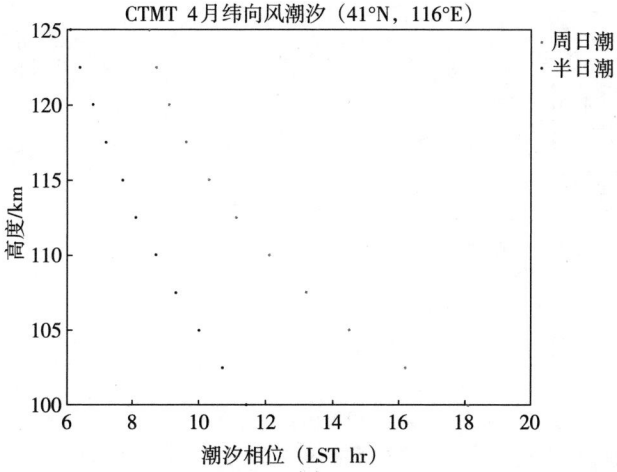

(d)

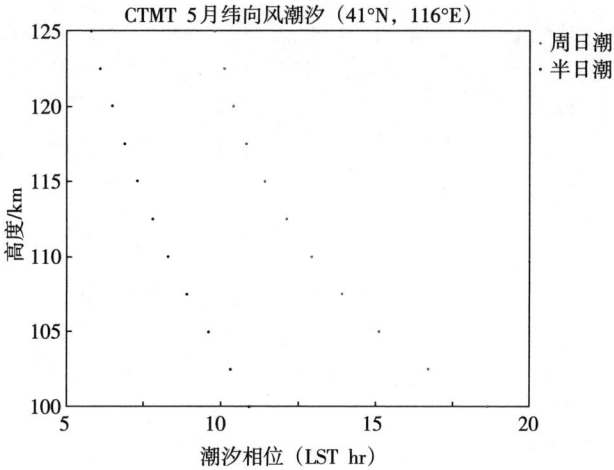

(e)

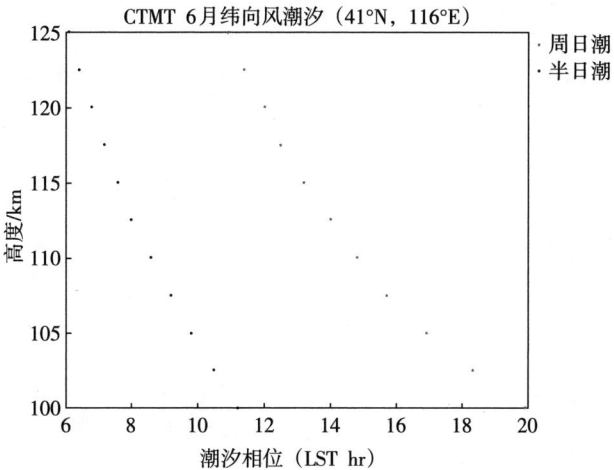

(f)

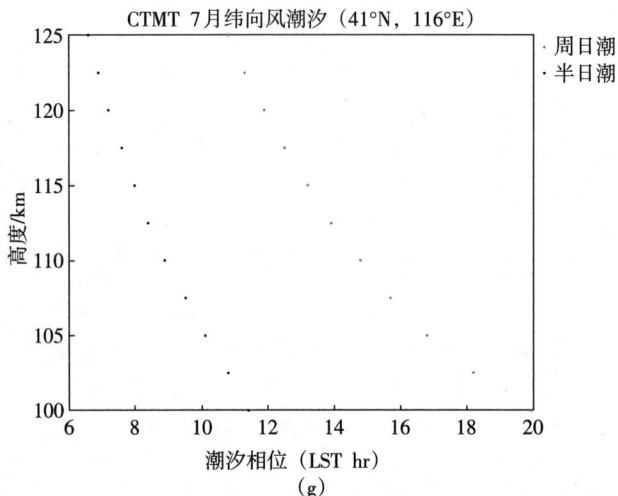

(g)

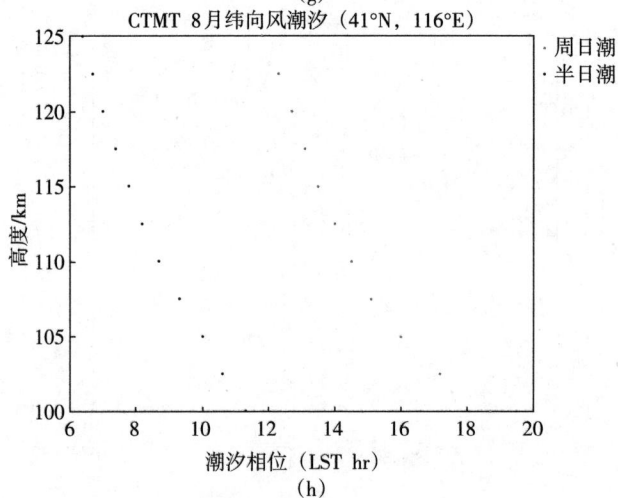

(h)

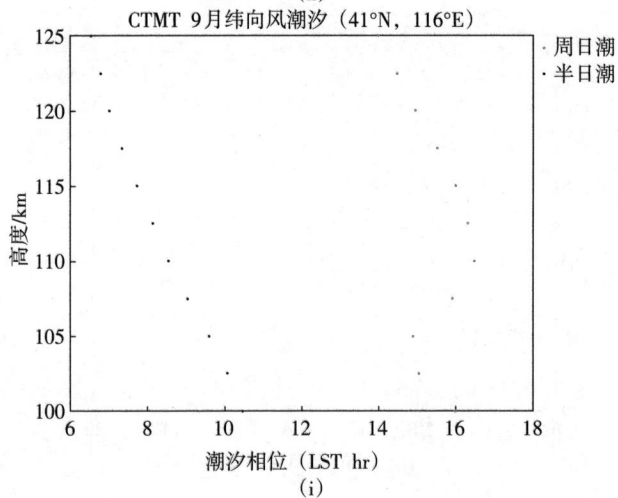

(i)

CTMT 10月纬向风潮汐（41°N，116°E）

周日潮

半日潮

(j)

CTMT 11月纬向风潮汐（41°N，116°E）

周日潮

半日潮

(k)

CTMT 12月纬向风潮汐（41°N，116°E）

周日潮

半日潮

(1)

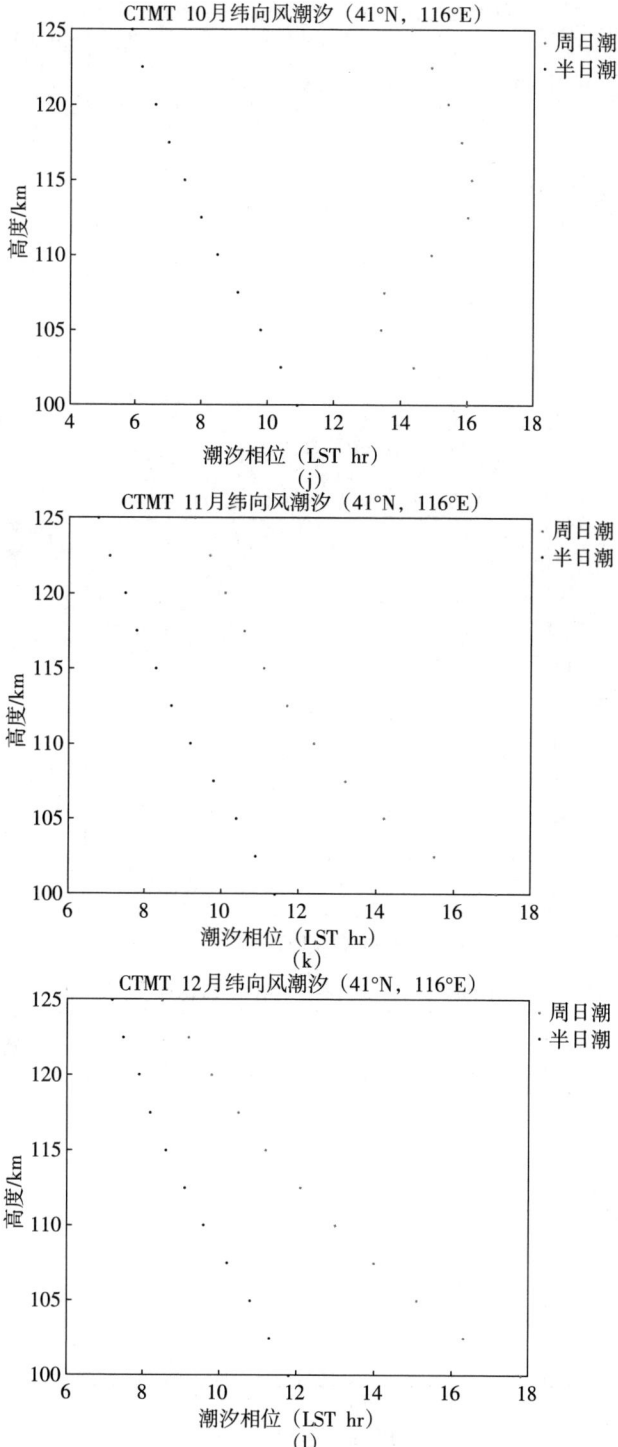

图3.27　CTMT 纬向风潮汐分量

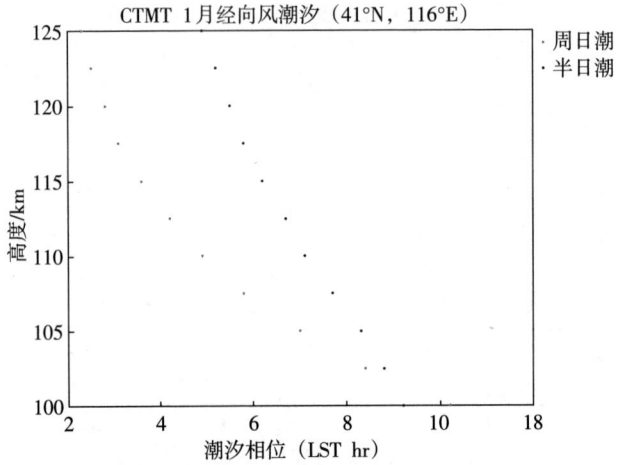

CTMT 1月经向风潮汐（41°N，116°E）

（a）

CTMT 2月经向风潮汐（41°N，116°E）

（b）

CTMT 3月经向风潮汐（41°N，116°E）

（c）

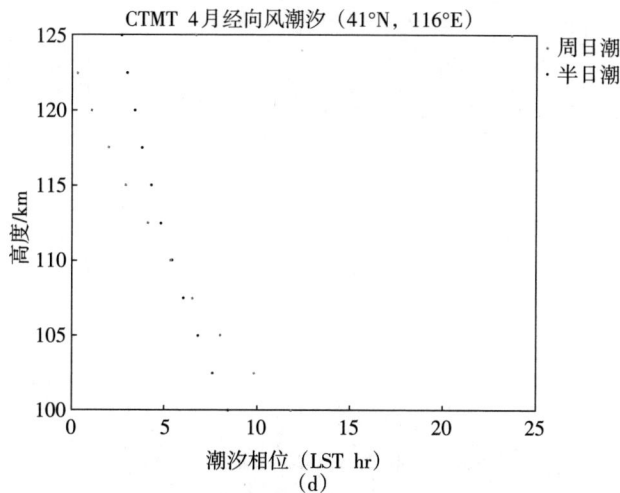

(d)

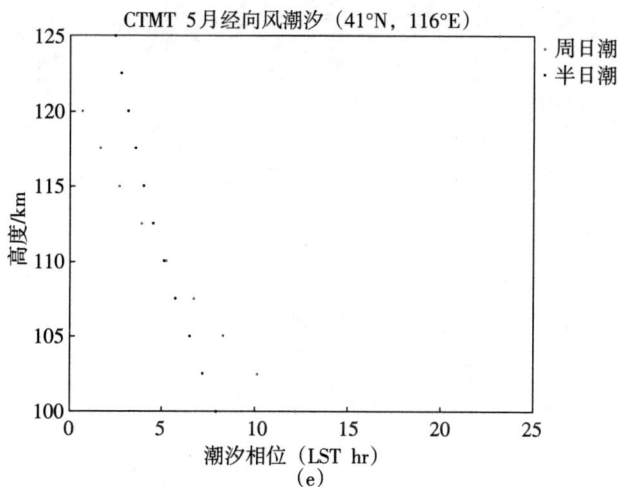

(e)

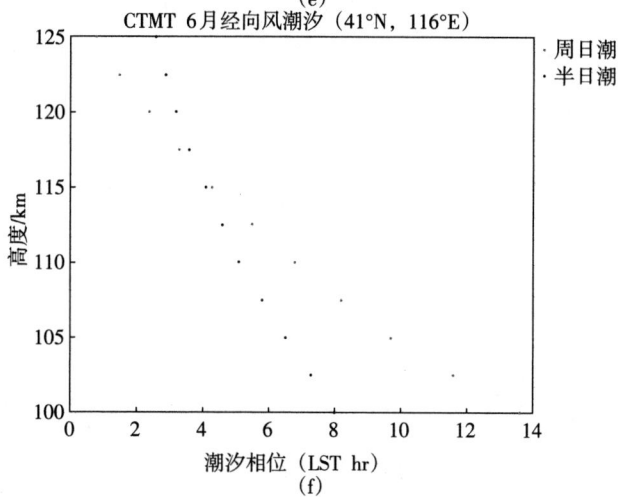

(f)

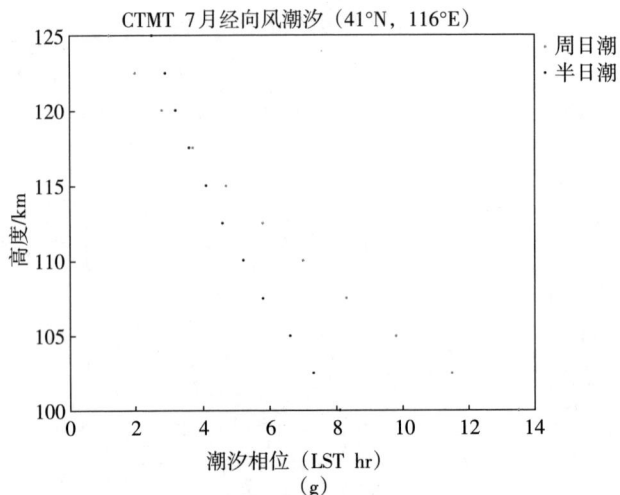

（g）

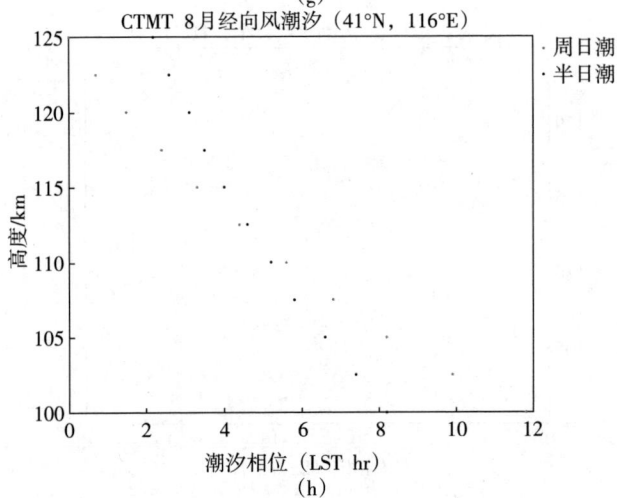

（h）

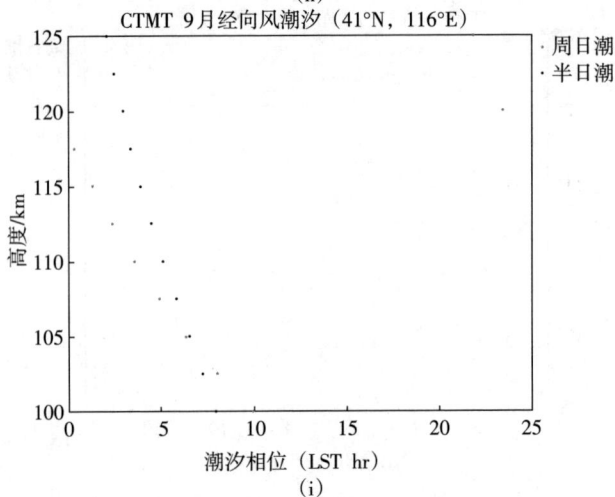

（i）

CTMT 10月经向风潮汐（41°N，116°E）

· 周日潮
· 半日潮

潮汐相位（LST hr）
(j)

CTMT 11月经向风潮汐（41°N，116°E）

· 周日潮
· 半日潮

潮汐相位（LST hr）
(k)

CTMT 12月经向风潮汐（41°N，116°E）

· 周日潮
· 半日潮

潮汐相位（LST hr）
(1)

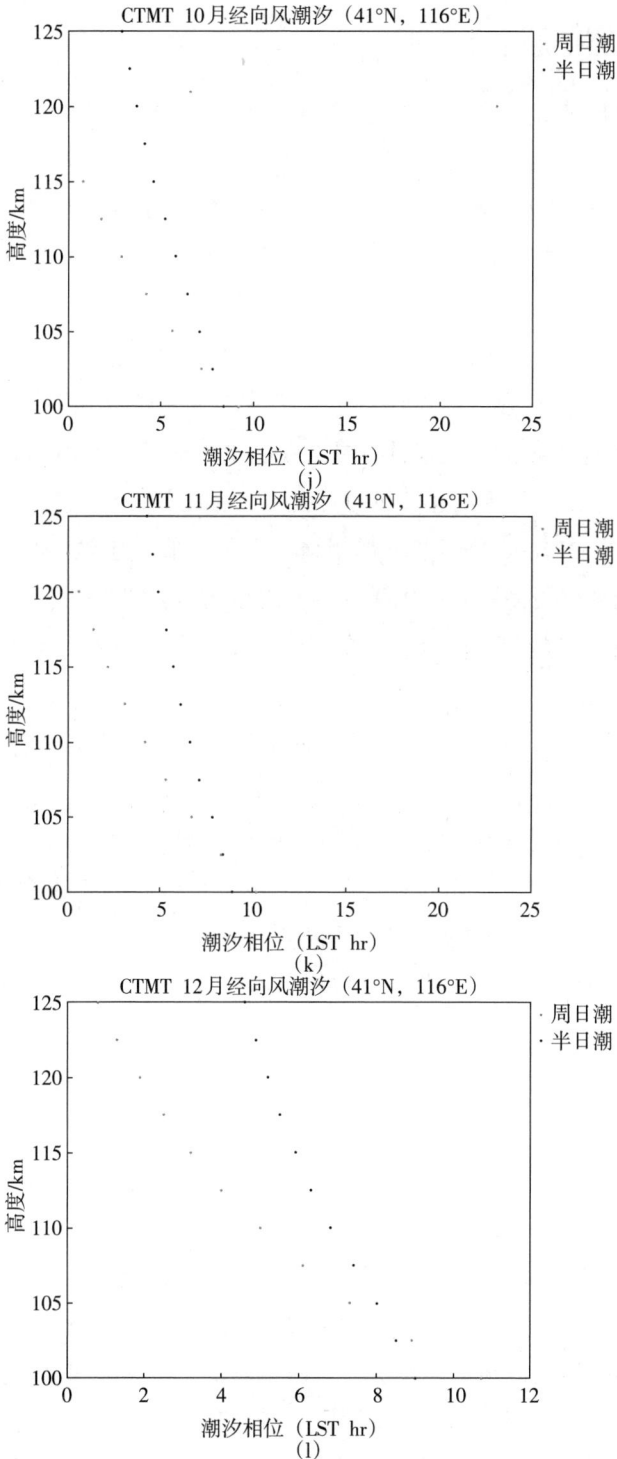

图3.28　CTMT 经向风潮汐分量

3.4.7　低热层钠层小结

本书通过反演延庆激光雷达2010—2016年中11607小时的观测数据，筛选出38例高高度、高强度的低热层钠层事件，结果显示低热层钠层的发生频率并不高，具有高度高、密度小、多出现在午夜前的特点，具有明显的季节变化，基本集中在5—8月，也具有和太阳活动呈负相关的年变化特征。

通过2010—2016年低热层钠层与Es层出现频率的逐月比较，研究发现虽然Es层发生频率比低热层钠层更频繁，但季节变化特征几乎一致。逐例比较后，结果显示超过90%的低热层钠层事件的出现时间、高度与Es层一致；三分之二的低热层钠层呈现出逐渐下行并汇入主钠层的趋势，且下行速率都与潮汐相速率相似；2016年钠钾同时观测结果显示，低热层钠层与低热层钾层发生在相同的观测夜间，且大多数低热层钠层和低热层钾层都分布在相同的高度并具有相同的演化趋势，只是密度的变化略有差异；通过比较相距237 km的延庆台站和平泉台站同时观测到的低热层钠层，结果显示低热层钠层具有较大的水平空间尺度。这些研究结果都为潮汐汇聚离子并中性化形成低热层金属层提供了证据。

通过2011年5月30日的案例分析，阐述了风剪切汇聚的离子与Es层中的电子中和的整个过程，该机制是形成低热层金属层的有效途径；通过研究2017年6月7日延庆、平泉、武汉和合肥四个台站同时观测到的低热层钠层，垂直风输运金属原子并通过水平风扩散也是形成低热层钠层的可能机制。

3.5　热层钠层

本书将麦克默多台站（77.8°S，166.7°E）、昭和（69.0°S，39.6°E）、阿雷西博天文台站（18.35°N，66.75°W）、帕切翁（30.25°S，70.74°W）和丽江台站（26.7°N，100.0°E）关于热层金属层的观测报道总结在表3.8中。可以看到南极两个台站观测到的热层金属层下行速率较快，持续时间较短，而较低纬度台站观测到的热层金属层下行速率较慢，持续时间也较长，然而研究人员对中纬度的热层金属层的形态结构却一无所知；由于激光雷达单点观测的局限性，也很难判断热层金属层的水平空间尺度。本章介绍了北纬40°附近两个激光雷达台站延庆（40.5°N，116.0°E）和平泉（41.0°N，118.7°E）观测到的热层钠层，研究了其形态特征、水平空间尺度，讨论了可能的形成机制。其中包括一例特别的热层钠层，其高度延伸至200 km，峰值密度达35 cm^{-3}，是迄今为止观测到高度最高、密度最大的热层钠层。

3.5.1 中纬度热层钠层的观测

利用2017年9月—2018年9月延庆和平泉两个台站91个夜晚同时观测的数据，在2017年12月3日，2018年2月5日、4月15日、4月27日观测到了热层钠层事件（详细参数整理在表3.9中，另外2017年4月21日平泉也观测到热层钠层，但延庆没有观测数据，同样整理在表3.9中），首次实现了中纬度（35°~55°）地区热层钠层的观测。

2018年2月5日延庆台站观测到一例特别的热层钠层，从118 km延伸到196 km，从13:53 UT出现到17:58 UT结束，共持续4 h。如图3.30（b）所示，14:23 UT时，热层钠层延伸至196 km，因为已经达到了探测上限，所以不能确定此例热层钠层的最高高度，此时的原始光子数远远高于背景噪声光子数，可以推断此例热层钠层的最高高度超过了200 km，且196 km处的密度达4 cm^{-3}。随后钠原子层密度逐渐增大，在15:08 UT时150 km处的钠原子密度达到35 cm^{-3}，半高全宽达到22 km。更特别的是，此例热层钠层出现了两个峰值的精细结构，第一层出现在140~170 km，第二层出现在120~140 km，峰值密度出现在130 km，达到25 cm^{-3}。热层钠层在这两段的下行速率均为9.3 m/s，而在170~195 km的高度达到15.6 m/s，这与垂直波长较长的波分量可以传播到更高高度的报道相吻合。2011年，Chu等报道的热层铁层也出现了类似的特征。图3.29（b）显示了同时间段相距237 km的平泉台站的观测数据，并没有观测到热层钠层。所以延庆观测到的这例高速下移的热层钠层可能是受到局域重力波的拖拽作用。此例热层钠层的延伸高度、峰值密度、半高全宽、下行速率都刷新了以往报道的纪录。

表 3.8　南极和低纬度观测到的热层金属层特征参数

参考文献	地理坐标	日期	种类	开始时间	持续时间/h	峰值高度/km	峰值密度/cm⁻³	最大高度/km	最大高度处密度/cm⁻³	下行速率/(m·s⁻¹)
1. Chu et al.,2011	77.8°S,166.7°E	2011.05.28	Fe	11:30 UT	1.5	110	200.00	133	10.00	-8.00
				13:30 UT	1.5	125	110.00	145	3.00	
				14:40 UT	2.0	110	200.00	155	20.00	
2. Friedman et al.,2013	18.3°N,66.7°W	2005.03.12	K	07:30 UT	>2.5	126	0.75	155	0.15	-2.56
3. Raizada et al.,2015	18.3°N,66.7°W	2006.01.30	K	<20:00 LT	>5.0	120	0.32	150	0.02	-0.69
			Na	<20:00 LT	>5.0	120	16.00	150	0.50	-0.69
4. Gao et al.,2015	26.7°N,100.0°E	2012.04.10	Na	16:30 UT	4.0	138	6.30	170	1.80	-3.00
5. Tsuda et al.,2015	69.0°S,39.6°E	2000.09.23	Na	22:20 UT	1.5	110	9.00	140	2.00	-5.60
			Na	23:55 UT	1.5	110	9.00	125	2.00	
6. Liu et al.2016	30.2°S,70.7°W	2015.04.17	Na	03:00 UT	6.0	120	5.00	160	1~2.00	-1.85

表 3.9　中纬度热层钠层的特征参数

地理位置	地理坐标	日期	种类	开始时间	持续时间/h	峰值高度/km	峰值密度/cm⁻³	最大高度/km	最大高度处密度/cm⁻³	下行速率/(m·s⁻¹)
延庆	40.5°N,116.0°E	2017.12.03	Na	12:30 UT	3.5	115	6	138	1	-3.7
延庆	40.5°N,116.0°E	2018.02.05	Na	16:00 UT	6.0	115	6	138	1	-9.3
延庆	40.5°N,116.0°E	2018.04.15	Na	13:53 UT	4.0	150	35	196	4	-1.6
延庆	40.5°N,116.0°E	2018.04.27	Na	12:16 UT	5.5	115	8	143	2	-0.5
平泉	41.0°N,118.7°E	2018.04.27	Na	14:12 UT	1.5	125	13	134	3	-0.5
平泉	41.0°N,118.7°E	2017.04.21	Na	14:40 UT	4.0	125	15	134	3	
平泉	41.0°N,118.7°E	2017.04.21	Na	12:30 UT	7.0	116	10	140	2	-1.2

2018年2月5日延庆热层钠原子层

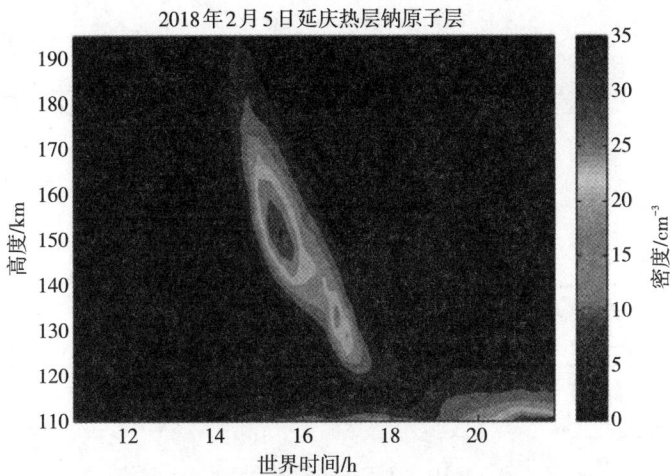

（a）

2018年2月5日平泉热层钠原子层

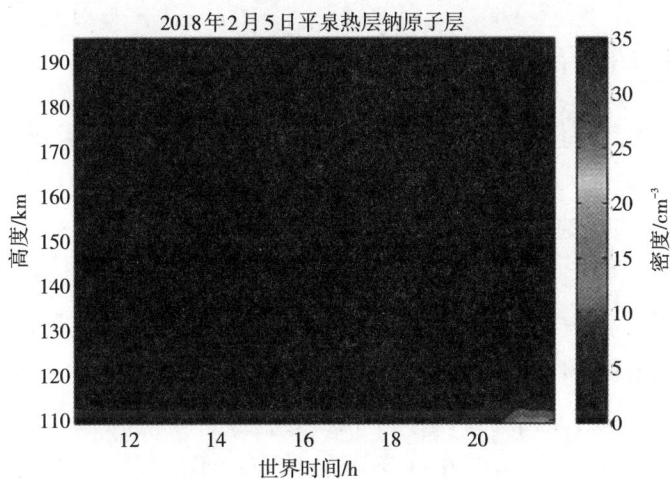

（b）

图3.29 2018年2月5日的热层钠层

延庆（2018-02-05 13:53 UT）

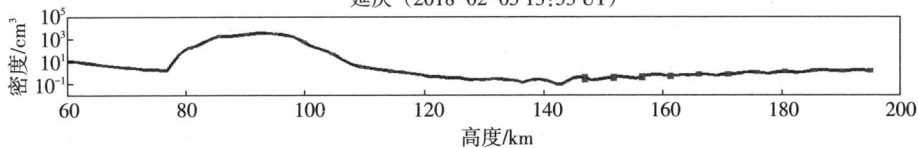

（a）

延庆（2018-02-05 14:23 UT）

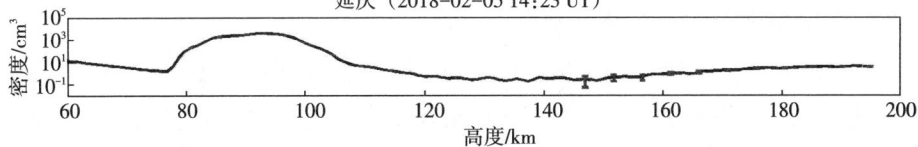

（b）

延庆（2018-02-05 15:08 UT）

(c)

延庆（2018-02-05 17:58 UT）

(d)

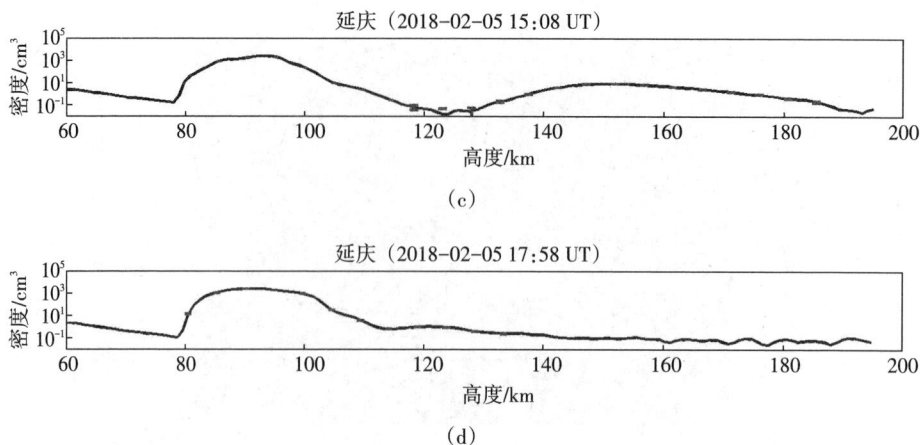

图3.30　2018年2月5日热层钠层的4个廓线

3.5.2　热层钠层的水平空间尺度

除了2018年2月5日的事件，还有2017年12月3日和2018年4月15日观测到的两例热层钠层事件只有延庆台站观测到，而平泉台站没有观测到。2017年12月3日的热层钠层在13:55 UT和19:00 UT两次延伸到138 km，密度达到1 cm^{-3}。随后钠原子层逐渐下移，分别在16:10 UT和21:50 UT（观测结束）时融入主钠层中。这一热层钠层和Tsuda等报道的高纬度热层钠层类似，出现了两个相位。2018年4月15日观测到在12:15 UT时延伸到143 km的热层钠层，密度达2 cm^{-3}，从开始出现到17:00 UT汇入主钠层，该热层钠层以1.6 m/s的速率下移。而在这两例热层钠层事件发生的同时，在平泉台站观测到120～130 km有零星的钠原子，但130 km以上的高度没有观测到钠原子层。而在2018年4月27日，延庆台站和平泉台站均观测到了相似的热层钠层事件，在延庆，热层钠层14:12 UT开始出现，14:27 UT时，钠原子密度在25 km处达到最大值13 cm^{-3}，随后钠原子密度逐渐降低，直至17:27 UT钠原子密度重新开始增加。在平泉，钠原子层出现在14:40—16:40 UT，密度在15:10 UT达到最大值15 cm^{-3}，在17:10 UT，钠原子密度出现增加，该现象类似于延庆台站观测到的17:27 UT钠原子密度的突然增加。

在观测到的4例热层钠层事件中，有3例热层钠层事件只有延庆台站观测到，而平泉台站没有观测到。与低热层钠层不同，大多数热层钠层的水平空间尺度不到250 km。

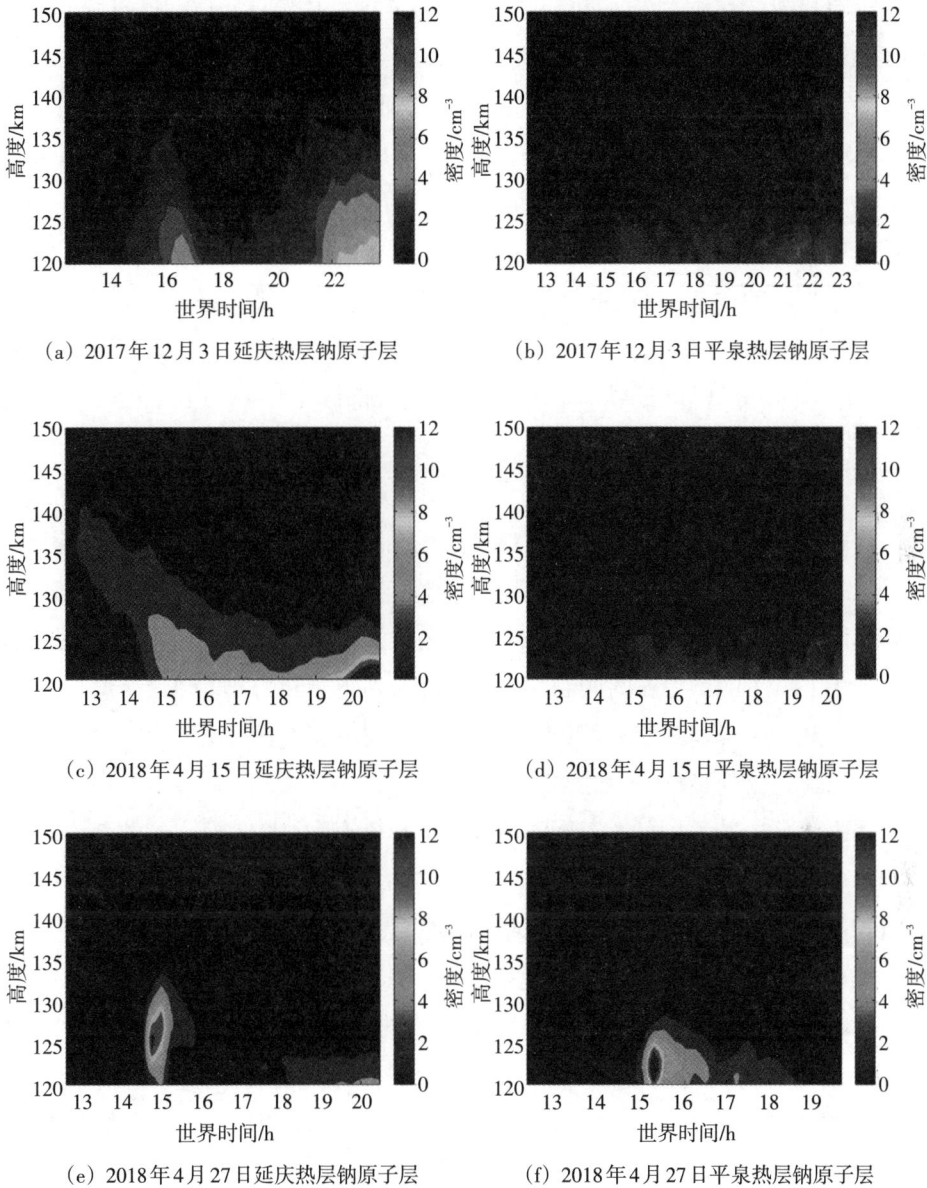

（a）2017年12月3日延庆热层钠原子层　　　　　（b）2017年12月3日平泉热层钠原子层

（c）2018年4月15日延庆热层钠原子层　　　　　（d）2018年4月15日平泉热层钠原子层

（e）2018年4月27日延庆热层钠原子层　　　　　（f）2018年4月27日平泉热层钠原子层

图3.31　热层钠层的水平空间尺度

3.5.3　热层钠层可能的形成机制讨论

在130 km以上的高度范围离子密度太低以至于不足以形成热层钠层（Chu et al.，2017）。因此，热层钠层形成的首要步骤就是需要某种机制把离子从较低的高度输运到130 km以上的高度。在过去的报道中提到了两种可能的机制：喷泉效应和地磁活动。Chu 等（2011）和 Tsuda 等（2015）提到观测到的热层铁/钠层伴随着与地磁相关的极光活动；Friedman 等（2013）和 Gao 等（2015）报道了较低纬度的热层钠/钾层可能受到赤道喷泉效应的影响。当充足的离子被输运到高海拔地区，风剪切作用汇聚形成离子层成为可能。与低热层钠层的形成和演化相似，离子在潮汐波动或者重力波动的拖动下下行，并通过中和反应形成钠原子层。而在过去的报道中，两例极区热层金属层的报道更可能是受到重力波的调制，4 例低纬度地区观测到的热层金属层更可能是受到半日潮汐的调制，接下来将讨论波动、喷泉效应、地磁活动对中纬度热层钠层的影响。

3.5.4　波动对中纬度热层钠层的影响

如表 3.9 所示，在延庆和平泉观测到的 5 例热层钠层下行速率差别很大，0.5～9.3 m/s 覆盖了包括重力波和潮汐波的垂直相速率。极区观测到的几例热层金属层都有较高的下行速率且一个观测夜晚出现了数次热层钠层，可能是受到周期为 1～2 h 的重力波的调制，而低纬度台站观测到的几例热层金属层下行速率和当地的半日潮汐相速率相吻合，在一个观测夜晚都只出现了一次热层钠层，很可能是受到半日潮汐的调制。

本书将延庆观测到的 4 例热层钠层的下行速率和 CTMT 模式中的潮汐周日潮和半日潮的相速率做了比较（图 3.32）。2017 年 12 月 3 日观测到的热层钠层下行速率为 3.7 m/s，而 12 月热层钠层出现的 120～140 km 内周日潮汐的下行速率是 2.7 m/s，半日潮汐的下行速率是 2.2 m/s；2018 年 2 月 5 日观测到钠层在 120～140 km，140～170 km 和 170～196 km 内的下行速率分别为 9.3 m/s，9.3 m/s 和 15.6 m/s，相应高度周日潮汐的下行速率分别为 1.8 m/s，5.5 m/s 和 5.5 m/s，相应高度的半日潮汐的下行速率分别为 0.7 m/s，5.5 m/s 和 8.3 m/s，这两例热层钠层的下行速率都高于周日潮汐和半日潮汐的下行速率，所以可能和极区观测到的热层金属层相似，是受到重力波的调制。2018 年 4 月 15 日观测到的钠层的下行速率为 1.6 m/s，而在热层钠层出现的 120～143 km 的高度范围周日潮汐和半日潮汐的相速率分别为 0.9 m/s 和 2 m/s，虽然这一例热层钠层的下行速率介于周日潮汐和半日潮汐的下行速率之间，但是考虑到 3.5.1 节所提到的这一例热层钠层只有延庆台站观测到，是水平尺度较小的事件，所以更可能是受到尺度较小的重力波的调制。

2018年4月27日唯一一例在延庆和平泉都观测到的热层钠层，其形态结构也很特别。在14:12—15:00 UT不到一个小时的时间内，热层钠层密度不断增加后开始减小又在两个小时后重新出现。尽管15:00—17:30 UT范围内热层钠层的密度很小，但可以认为这一夜观测到的热层钠层为同一例热层钠层事件，其下行速率为0.5 m/s，也与此时的周日潮汐相速率（0.6 m/s）相吻合，此例热层钠层事件可能受到了潮汐活动的调制。

与极区和低纬度地区不同，中纬度地区的热层金属层既可能受到重力波的调制，也可能受到潮汐波的调制。

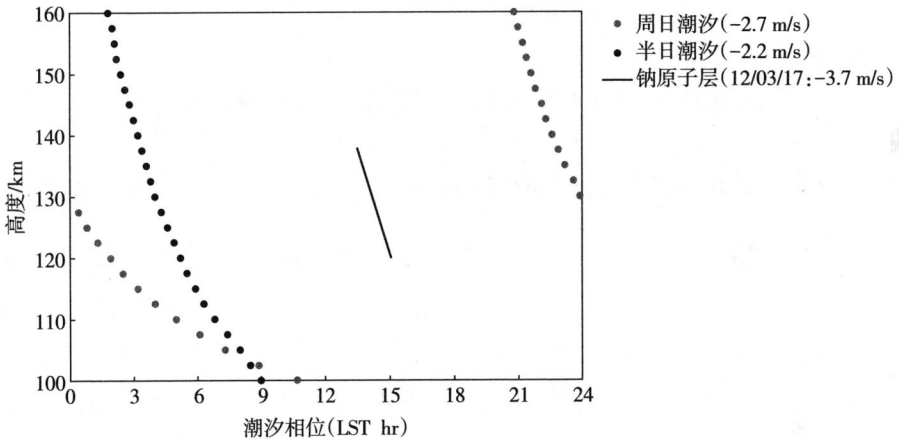

（a）CTMT Tide-Dec（41°N，116°E）

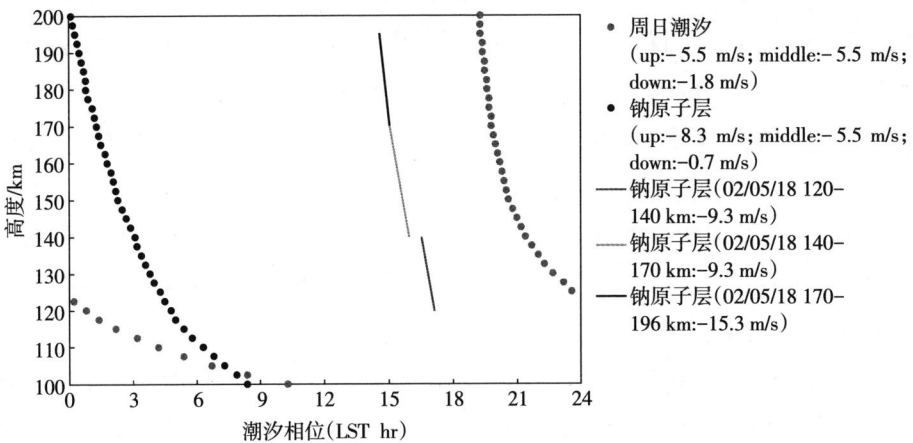

（b）CTMT Tide-Feb（41°N，116°E）

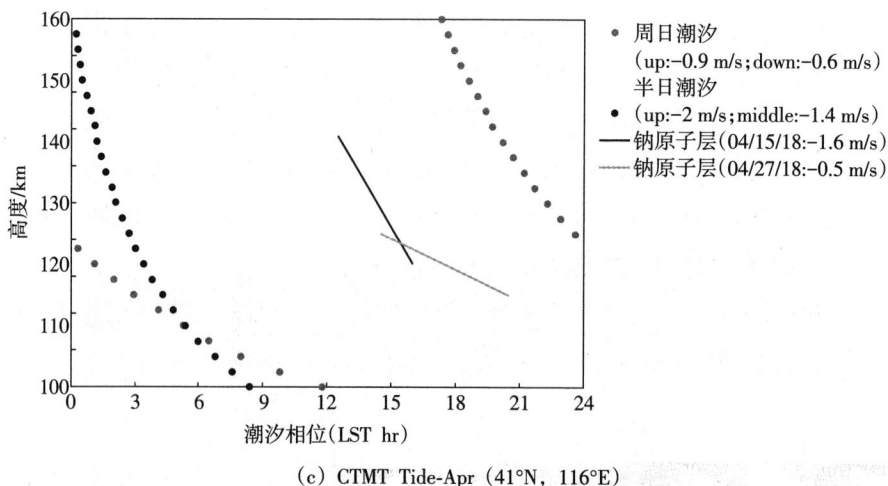

（c）CTMT Tide-Apr（41°N，116°E）

图3.32　CTMT潮汐相速率与热层金属层下行速率的比较

3.5.5　喷泉效应对热层钠层的影响

由于地磁场在磁赤道处是沿着水平方向的，低纬度电离层常常展现出一些特殊的特征，比如赤道电急流、赤道等离子体喷泉效应、赤道电离异常、赤道等离子体温度异常、赤道风场异常和等离子体泡。仅仅考虑日照影响，电离层密度应该在赤道最大，向两极逐渐减小，但是观测发现电子密度在磁纬±15°附近会出现峰值，且峰谷电子密度比最高达到1.6，这种特殊的现象被称作电离层异常（Banlan et al.，2018）。通常认为是等离子体受到 $\vec{E} \times \vec{B}$ 漂移将赤道附近的等离子体带到 F 层，在重力和压力梯度力的作用下，等离子体会从高密度的赤道附近沿着磁场向低密度的高纬度扩散，在磁纬±15°形成两个电子密度波峰，在磁赤道形成电子密度波谷，结合漂移和扩散的整个过程类似喷泉（如图3.33），称为赤道喷泉效应（Appleton，1946），"喷泉"可以上升到1000 km的高度，在300 km处可以覆盖到±30°，尤其是在太阳活动强烈的时候（Banlan et al.，1997，2018）。延庆台站的地磁纬度是30°N，也存在受到喷泉效应影响的可能。

如图3.34，是2017年12月3日，2018年5月2日、4月15日和4月27日延庆台站观测到的4例热层钠层的当天115°E的TEC变化（04:00—08:00 UT喷泉效应显著时间TEC总和），这四天延庆所在的40°N几乎没有受到喷泉效应的影响。可见，喷泉效应对于中纬度热层钠层的影响非常微弱。

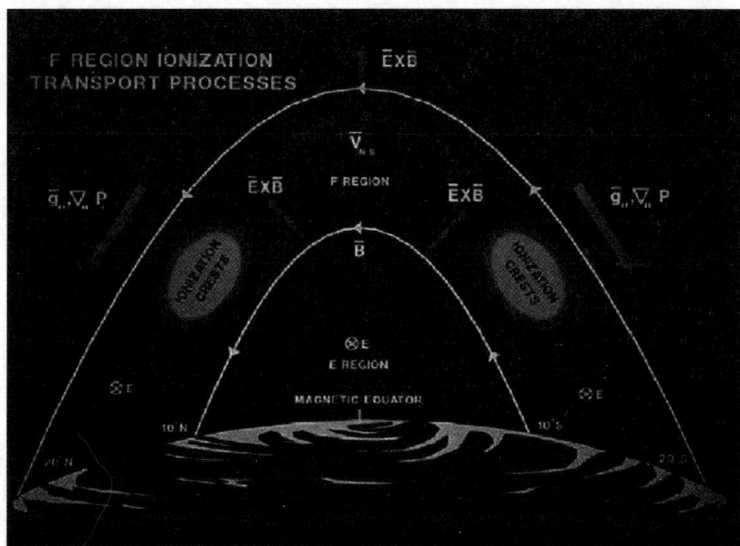

图 3.33　喷泉效应的形成原理

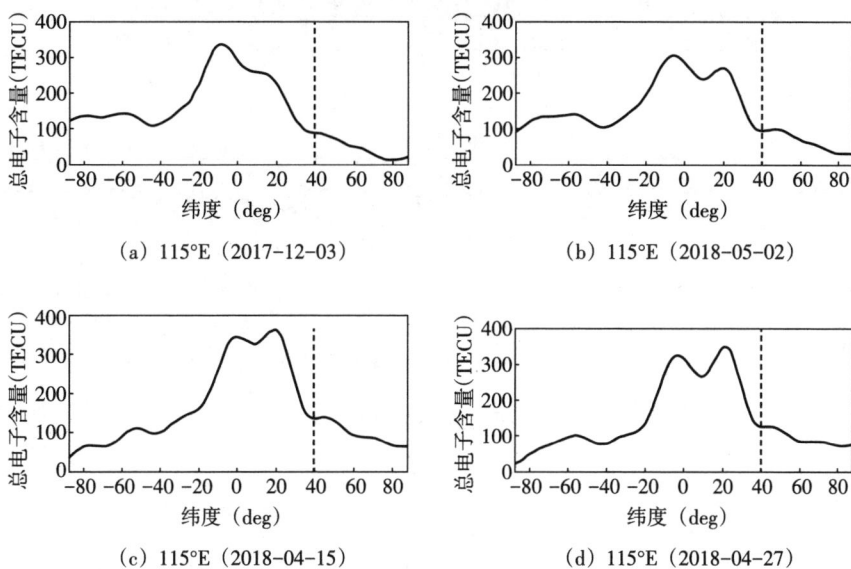

(a) 115°E（2017-12-03）

(b) 115°E（2018-05-02）

(c) 115°E（2018-04-15）

(d) 115°E（2018-04-27）

图 3.34　115°TEC 随纬度的变化

3.5.6　地磁活动对热层钠层的影响

从图 3.35 Dst 指数（disturbance storm time）的变化可以看出，在延庆热层钠层出现期间并没有磁暴发生。从延庆附近观测到的当地地磁场变化来看（图 3.36：总地磁场与 5520 nT 的差），也只有 2018 年 2 月 5 日和 2018 年 4 月 15

日有 26 nT 的微弱变化。可见，地磁活动对于中纬度热层钠层的影响也是微弱的。

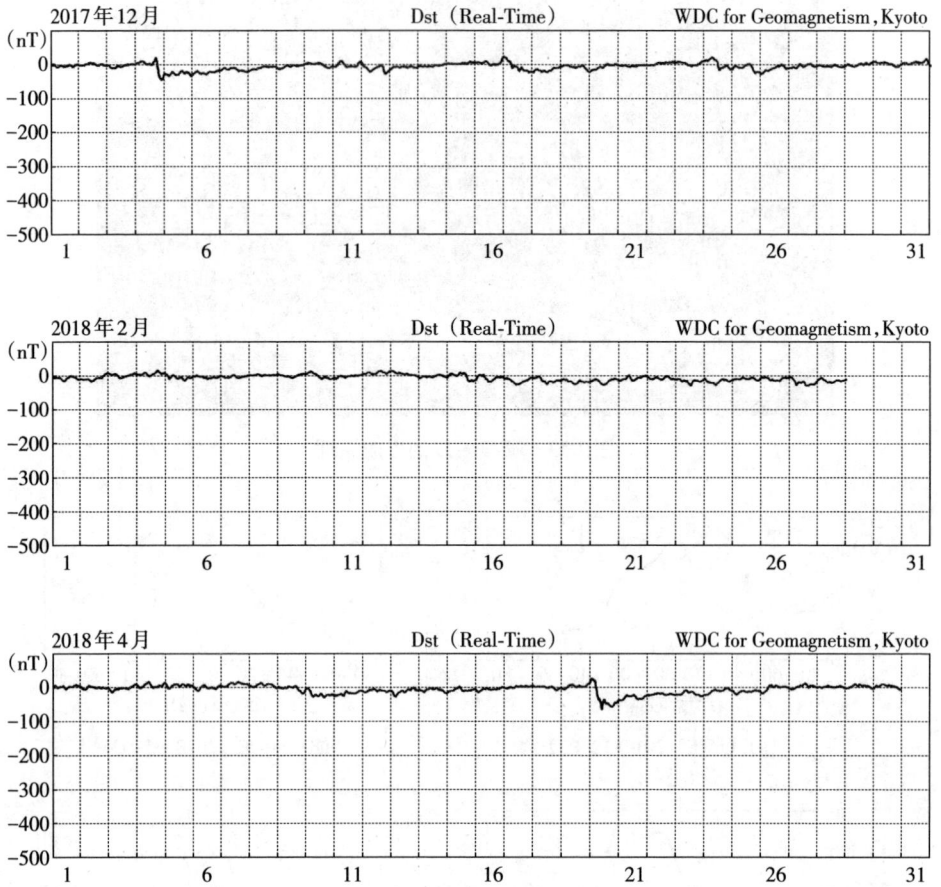

图3.35　Dst 指数

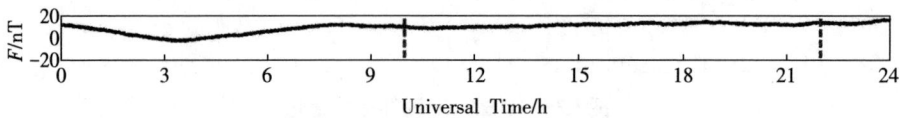

（a）Geomagnetic variations（2017-12-03）

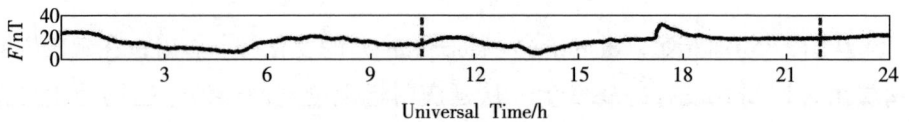

（b）Geomagnetic variations（2018-02-05）

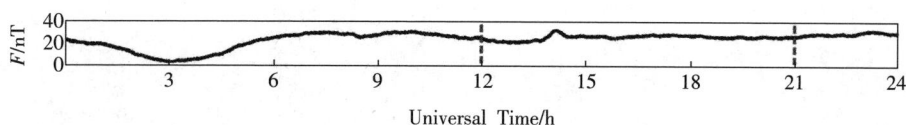

（c）Geomagnetic variations（2018-04-15）

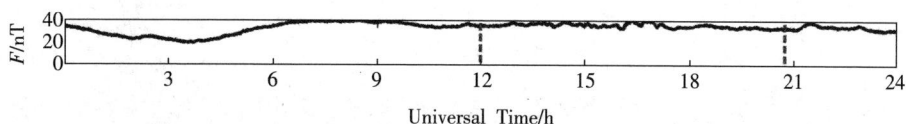

（d）Geomagnetic variations（2018-04-27）

图3.36　地磁场变化

Raizada等（2015）报道的热层钠层和热层钾层同时观测结果，同时报道了同时间非相干散射雷达观测到的电离层电子密度的观测结果。热层钠层和热层钾层的下行速率为0.7 m/s，而潮汐离子层的下行速率达到了14.7 m/s，热层金属层可能与潮汐离子层关联较弱。存在第三种可能的机制：流星溅射。本书观测到的4例热层钠层有两例都发生在4月，Gao等（2015）和Liu等（2016）报道的热层钠层事件也是4月居多，或许4月的天琴座流星雨促进了热层金属层的形成。此外，虽然一般认为Es层的水平空间分布较为广阔，仍然存在小尺度的零星Es层中性化形成钠原子的可能，Kurihara等（2010）曾利用运载火箭成像仪观测到水平空间尺度不足100 km的镁离子层，这种小尺度的结构同样可以解释金属原子层的局地分布特征和迅速出现迅速消失的特点。

3.5.7　金属层模型

基于模型模拟分析，初鑫钊等（2017）较为清楚地阐述一种极区热层金属层的形成机制。

如图3.37所示，流星烧蚀产生的金属离子主要在80～115 km区域。由于极区磁倾角很高，铁离子随中性风水平移动时，将会沿磁力线上升到很高的高度。随后沿重力波或者潮汐波的相位向下移动，并且在波动节点处聚合。然后聚合处的铁离子直接与电子复合产生了铁原子。该模型模拟较好地再现了上述可能的机制，说明金属离子中性化很可能是极区热层金属层形成的主要原因。

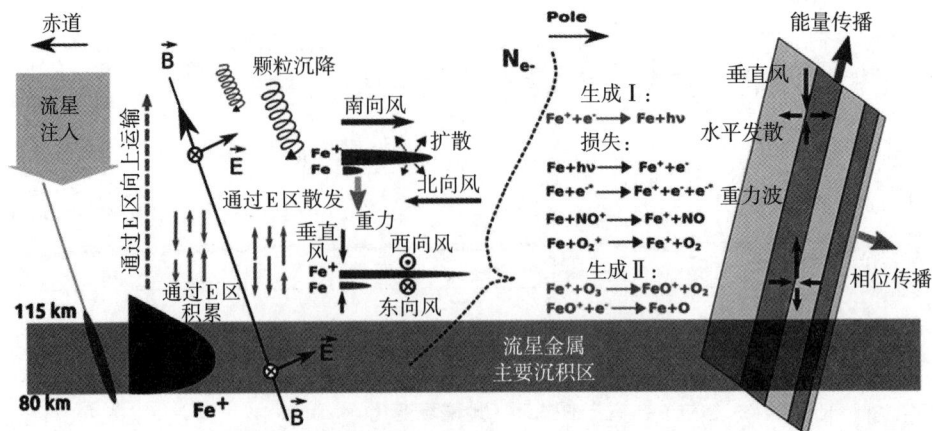

图3.37　热层铁原子模型（Chu et al., 2017）

此外，通过二纬钠层模型模拟，Cai 等（2019）提出了另一种热层金属层的形成机制：在低纬地区，与季节性潮汐相关的超强垂直风场，很可能将中性成分垂直输运到很高的高度，从而产生了高达170 km左右的钠层。

3.6　其他钠层热点问题

Chu et al.,（2021）从北美中纬地区 Boulder 的钠激光雷达数据里，发现了一种新型的可达150 km 的热层电离层钠层（thermosphere-ionosphere Na layers, TiNa）。与其他热层金属层不同的是：该TiNa只在黄昏和黎明时出现。如图3.38所示。

通过对比模型给出的潮汐风场活动情况，发现当金属离子处于潮汐发散区域时，将会被抬升到很高的高度；但是当潮汐收敛时，会使钠离子聚集，从而促进钠离子中性化，产生 TiNa，并且随着潮汐节点下移。

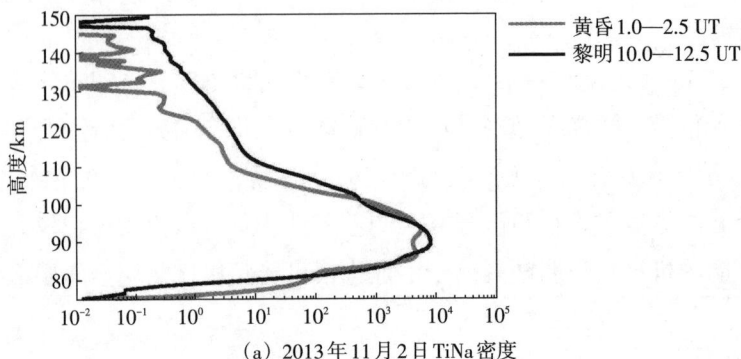

（a）2013年11月2日 TiNa 密度

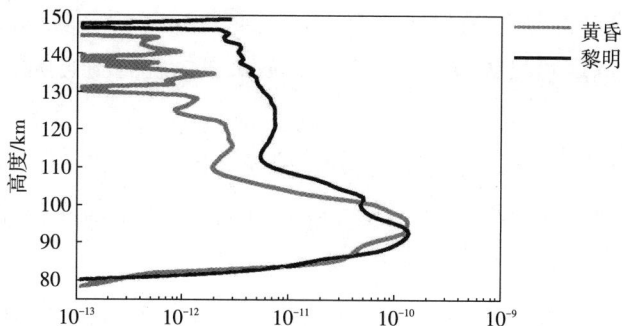

（b）体积混合比

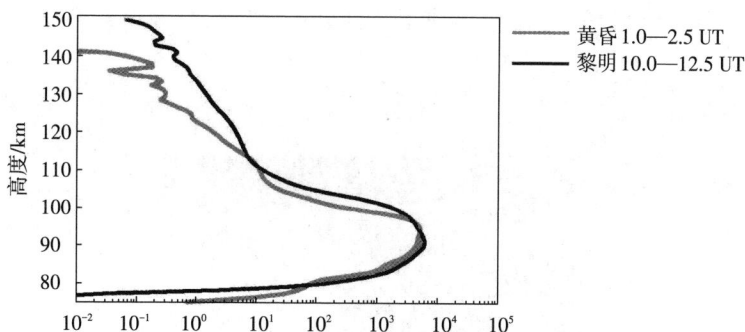

（c）2013年11月11日TiNa密度

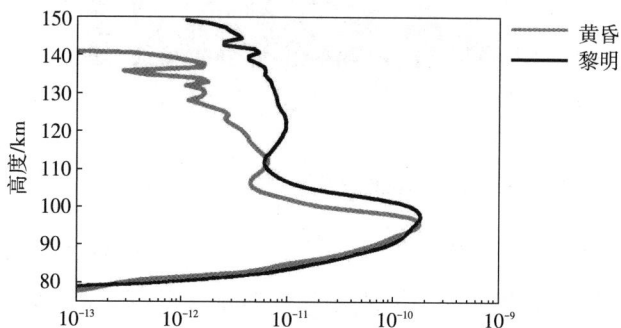

（d）体积混合比

图3.38 北美中纬地区发现的在固定时间出现的热层钠层

如前所述，不少研究人员都认为金属离子中性化是热层金属层形成的重要机制。该机制的一个重要相关问题是金属离子能否上升到很高的高度，从而解决热层金属离子的来源问题。目前的研究结果已经较好地说明了存在着金属离子上升的可能性；吴建飞等（2021）通过拓展 Plane 教授的金属层模型，发现在电离层喷泉效应等作用下，金属离子能提升到 150 km 乃至更高的高度。

除低热层钠层之外，延庆台站热层电离层钠层观测主要包括以下三类。

（1）黎明热层电离层钠层（dawn thermosphere-ionosphere Na layers，Dawn TiNa）。

初步分析发现 Dawn TiNa 有以下一些主要特征：① 高度范围较高，一般在 110～150 km；② 发生在黎明时间；③ 与主层一般没有发生明显分离；④ 密度很小，峰值密度一般在每立方厘米零点几到几个钠原子。这些特征与 Chu 等（2021）的研究结果是非常相似的。图 3.39 所示是 Dawn TiNa 的例子：

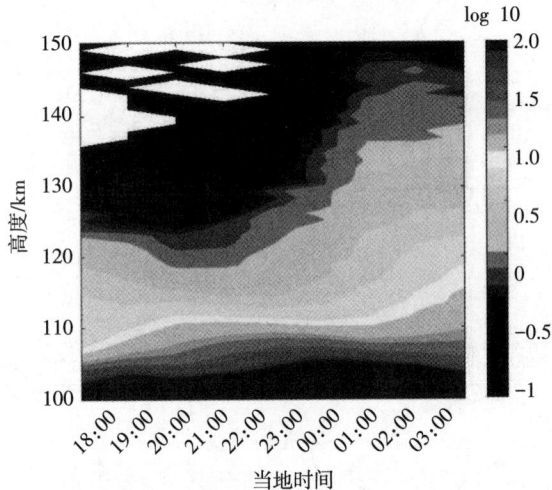

图 3.39　延庆地区探测到的 Dawn TiNa

这里，参考 Chu 等（2022）的研究，本书主要用钠原子混合比来表征 Dawn TiNa，分层形态更为明显。如图 3.39 所示，仔细对比 Dawn TiNa 和低热层钠层，可以发现它们具有明显不同的特征，说明它们应该有各自独特的形成机制。并且，通过对比延庆与平泉的数据，本书发现：当 Dawn TiNa 和低热层钠层在延庆地区发生时，平泉上空几乎在相同时间也出现了非常相似的 Dawn TiNa 和低热层钠层现象，并且这两种类型的热层金属钠层在两个地区的密度也较为相当。如图 3.40 所示，这些结果说明 Dawn TiNa 和低热层钠层两种现象的空间水平尺度都很大，在数百千米以上。

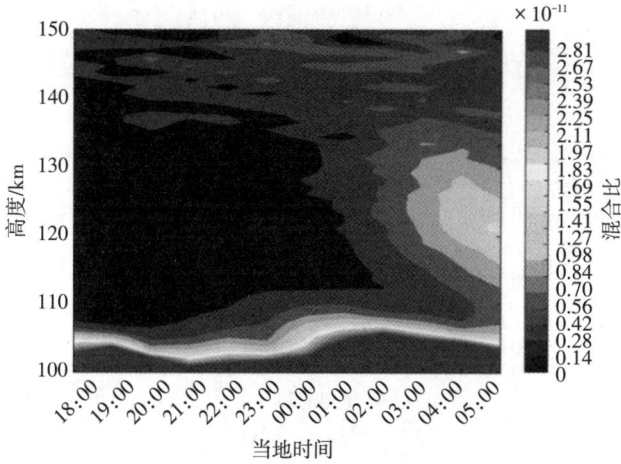

（a）2019年11月24日延庆钠原子混合比

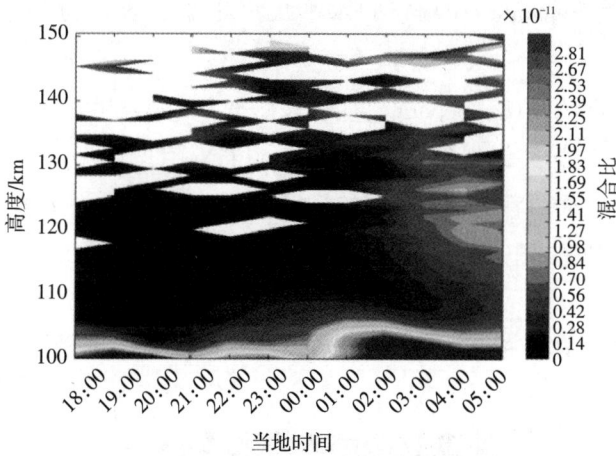

（b）2019年11月24日平泉钠原子混合比

图3.40　延庆和平泉同时间探测到的Dawn TiNa示例

（2）分离热层钠层（separate thermosphere Na layers，Separate TiNa）。
我国中纬地区特有的分离热层钠层，如图3.41所示。

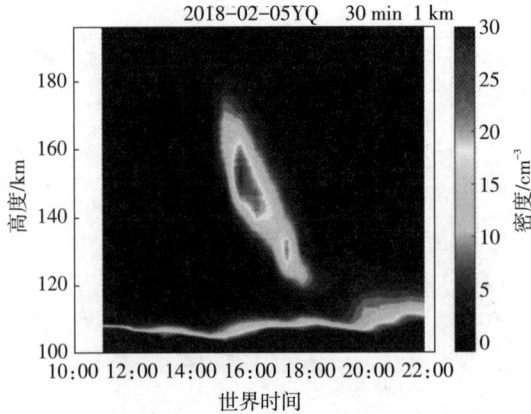

图 3.41　Separate TiNa 示例

Separate TiNa 的特征是：① 高度范围较高，一般为 120～200 km；② 与主层有明显分离；③ 密度较小，峰值密度一般在每立方厘米几个到几十个钠原子；④ Separate TiNa 空间水平尺度很小，这一点与上述两者明显不同。

双站式的探测发现，Separate TiNa 只在一个台站发生，同时期的另一个台站几乎没有对应的类似现象，说明 Separate TiNa 空间水平尺度非常小，小于250 km。这与上面两者是完全不同的，是 Separate TiNa 的一个重要特征。

（3）午夜热层电离层钠层（midnight thermosphere Na layers，Midnight TiNa）。

此外，本书还发现了在午夜时间经常出现的 Midnight TiNa（如图 3.42 所

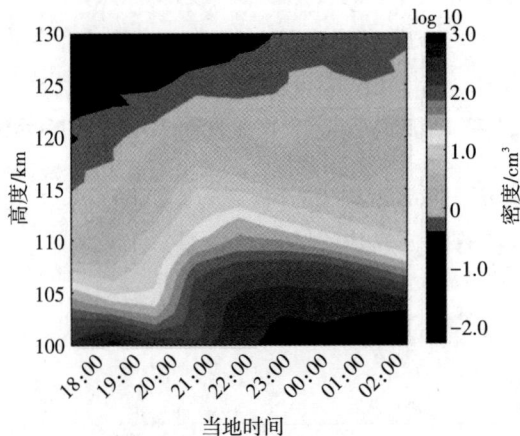

（a）2019 年 12 月 19 日延庆钠原子密度

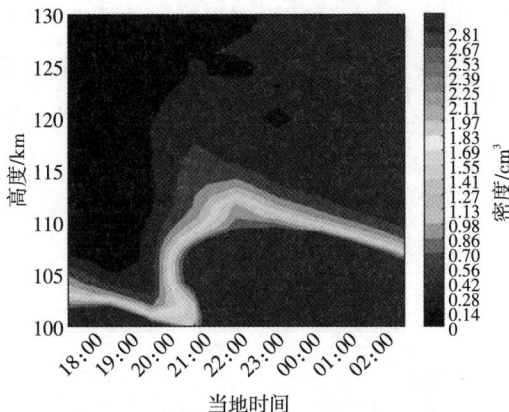

（b）2019年12月19日延庆钠原子混合比

图3.42 延庆地区探测到的 Midnight TiNa

示），这个现象在Chu等（2021）的研究结果中也提到过，本书认为这个现象也是由潮汐活动引起的。

初步分析发现，Midnight TiNa有如下特征：① 高度较低，一般为100～120 km（有时可以达到130 km）；② 密度不低，110 km处的钠密度通常可以达到10～100 cm^{-3}；③ 与主层没有发生明显的分离；④ 有明显的下降相位；⑤ 基本上同时在两个台站发生。

3.7 钠层研究小结

本章主要介绍了40°N地区热层钠层的观测和研究。其中包括一例过去从未报道过的热层钠层事件，该热层钠层延伸至200 km，在150 km处的峰值密度达到35 cm^{-3}，下降速率为9.3 m/s。这为未来共振荧光激光雷达探测中高层大气温度、风场的海拔范围提供了更广阔的可能性，将大大扩展研究者对于中高层大气的动力学和化学过程的认知和理解。分析相距237 km的两个40°N附近的台站的同时观测数据，结果显示四分之三的热层钠层的水平空间尺度不超过150 km。另外将热层钠层的下行速率和CTMT潮汐模式作了比较，除了2018年4月27日在两个台站都观测到的下行速率较慢的热层钠层可能是受到大尺度的潮汐波调制外，其余3例下行速率较快的热层钠层更可能是受到了小尺度的重力波动的调制。另一方面，在延庆台站附近较弱的地磁变化和较小的TEC值说明在中纬度地区电离层电磁场或者喷泉效应对于离子的抬升作用都是非常有限的。虽然热层金属层在中纬度的形成机制仍然不够明朗，但是中纬度热层钠层的观测及其于地磁变化和TEC变化的比较对目前热层金属层的前沿研究又提出了崭新的问题。如结论所介绍，延庆台站目前已发展了窄带荧光激光雷达，未来热层钠层与温度、风场的同时探测将会让研究者对热层钠层的认识更加清晰、完整。

第4章 钙激光雷达工作原理与钙层变化特性

4.1 钙激光雷达

4.1.1 钙激光雷达的发展

2004—2015年开展Ca，Ca⁺的观测台站包括德国（表4.1第3行）；美国阿雷西博天文6台站（表4.1第5行）和中国武汉台站（表4.1第6行），除此之外，法国的Observatoire de Haute Provence和美国的Urbana Atmospheric Observatory曾分别在1985年和1993年开展过Ca，Ca⁺的观测，日本的Tachikawa在2019年开始报道关于Ca⁺的观测研究。这些台站的地理位置、激光器和望远镜的基本参数罗列在表4.1。

表4.1 钙原子与钙离子激光雷达参数

信息来源	地理位置	激光器单脉冲能量/mJ	望远镜直径/m
1. Granier et al.，1985	法国 Observatoire de Haute Provence （44°N，6°E）	Ca：25 Ca⁺：20	0.8
2. Gardner et al.，1993 Qian et al.，1995	美国 Urbana Atmospheric Observatory （40.2°N，88.2°W）	Ca：5 Ca⁺：20	1
3. Alpers et al.，1996	德国 Juliusru （54.5°N，13.4°E）	Ca：15 Ca⁺：12	0.8
4. Gerding et al.，2000 （3激光雷达升级改造搬迁）	德国 Kühlungsborn （54°N，12°E）	Ca：22 Ca⁺：17	7个0.5 m的望远镜组合

表4.1（续）

信息来源	地理位置	激光器单脉冲能量/mJ	望远镜直径/m
5. Tepley et al.，2003 Raizada et al.，2004	美国 Arecibo （18.3°N，66.7°W）	Ca：25 Ca⁺：21	0.8
6. Yi et al.，2013	中国 武汉 （30.5°N，114.3°E）	Ca：20 Ca⁺：25	1
7. Ejiri et al.，2019	日本 Tachikawa （35.7°N，139.4°E）	Ca⁺：12	0.83
8. 子午工程延庆台站	中国 北京延庆台站 （40.5°N，116.0°E）	Ca：37.8 Ca⁺：30.9	1.23

4.1.2 北京延庆钙激光雷达的基本参数与探测优势

钙原子、钙离子同时观测数据来源于延庆激光雷达台站，该台站已于2019年1月已完成钙原子、钙离子同时探测共振荧光激光雷达的搭建、调试，自2019年1月8日至今持续观测。原理图如图4.1所示，钙原子、钙离子同时探测激光雷达主要参数如图4.2所示，并罗列在表4.2中。原始回波信号如图4.3所示，原始数据峰值信号超过100个光子（时间分辨率66 s，高度分辨率96 m）。目前设备运行状况良好，整套系统稳定可靠，可以在晴朗夜间开展常规型观测。表4.1中文献1~6报道的钙原子和钙离子同时观测激光雷达都采用染料激光，由于燃料寿命短、更换频繁，维护难度大。2019年9月将染料激光

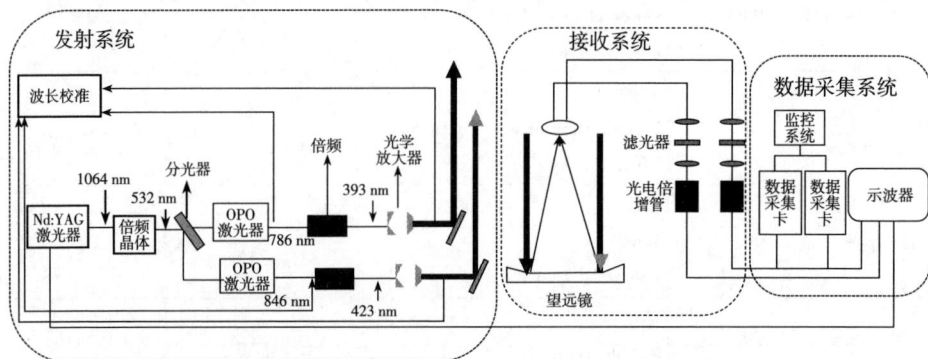

图4.1 钙原子、钙离子同时探测激光雷达原理图

器更新为OPO激光器，结构牢固、能量持续性强、寿命长，整套系统稳定性得到了大幅提升，更适合长期连续观测，为高空大气中性成分与电离成分的耦合研究提供了长期有效的原始数据。

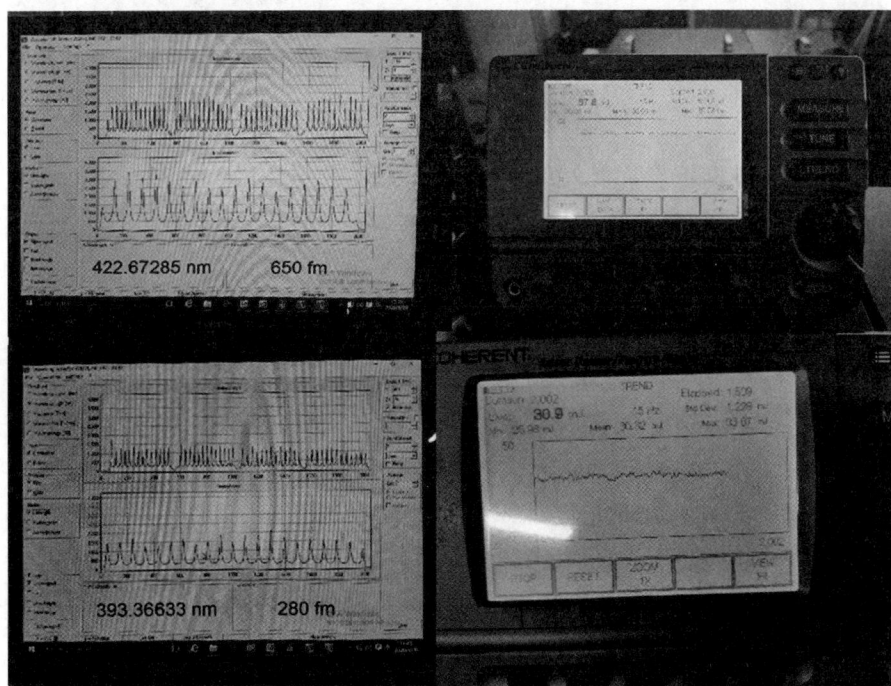

422.67285 nm　　650 fm

393.36633 nm　　280 fm

图4.2　钙原子、钙离子同时探测激光雷达主要参数

表4.2　钙原子、钙离子同时探测激光雷达主要参数

主要参数	Ca	Ca⁺
波长	423 nm	393 nm
脉冲能量	37.8 mJ	30.9 mJ
重复频率	15 Hz	15 Hz
激光线宽	1.09 GHz	0.542 GHz
激光发散角	0.21 mrad	0.15 mrad
接收望远镜直径	1.230 m	1.230 m
视场角	0.625 mrad	0.625 mrad
PMT	H10682−210	H10682−210
时间分辨率	66 s	66 s
空间分辨率	96 m	96 m

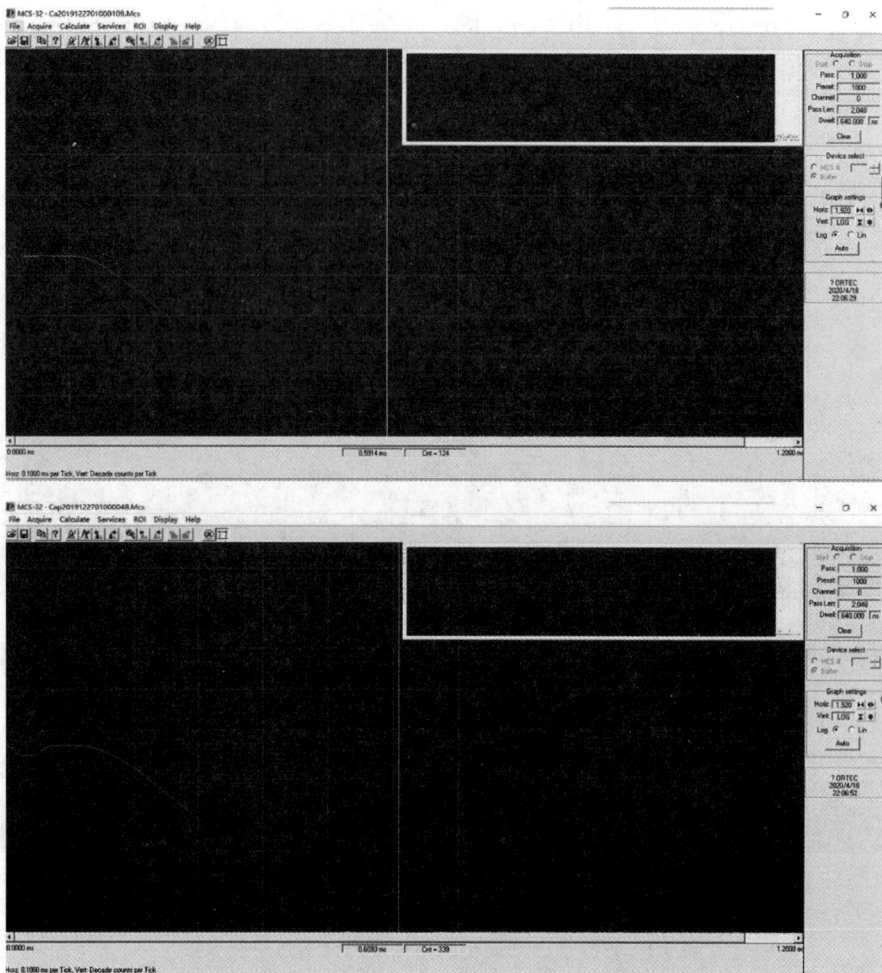

图4.3　钙原子、钙离子同时探测激光雷达原始回波信号

Alpers等（1996）首次报道了钙原子层和钙离子层的激光雷达同时观测。他们的激光雷达系统，使用的是准分子泵浦激光器同时泵浦两个染料激光器，然后两个染料激光器分别产生钙原子和钙离子的共振波长。然而，在这个激光雷达系统中，准分子激光器发射的308 nm紫外激光会破坏染料分子，并且染料激光器使用了低效率的紫外激光染料，不利于对钙原子层和钙离子层的长期观测。Raizada等（2011）采用和频技术产生钙原子和钙离子的共振激光波长。他们使用了两台Nd：YAG激光器分别泵浦两台染料激光器，并将染料激光器产生的770 nm激光与Nd：YAG产生的1064 nm激光和频得到的423 nm激光束去探测钙原子层，同样地，将624 nm激光与Nd：YAG的1064 nm激光和频产生钙离子的共振激光波长 393 nm（Tepley 等，2003）。和频技术避免了直接使用低效率的紫外染料造成激光雷达系统无法长期运行的弊端。然而，两台大功率 Nd：YAG 使得激光雷达系统的开发成本较高。

基于中科院武汉物理与数学研究所的双波长可调谐激光雷达系统（程学武等，2006），本书中的同时探测钙原子和钙离子的双波长可调谐激光雷达系统的基本结构如下。

为了同时产生钙原子和钙离子的共振激光束，用一个脉冲 Nd：YAG 同时泵浦两个染料激光器。用分光镜将 Nd：YAG 发出的 532 nm 的激光束分成两束，然后用两束 532 nm 激光同时泵浦两个染料激光器。将染料激光器产生的 846 nm 和 786 nm 的近红外激光分别用倍频器进行倍频，从而钙原子层和钙离子层的共振激光产生。钙原子层和钙离子层的回波光子由直径为 1230 mm 的反射望远镜接收，并采用双光纤焦面分光技术将回波信号分成两个通道。在钙原子层和钙离子层的回波信号通道中，使用了直径为 508 mm 的 OD6 紫外窄带滤光片，有效抑制了背景噪声。

与先前报道的同时探测钙原子层和钙离子层的染料激光雷达系统相比，本书采用的激光雷达系统有三个主要的技术优势：第一，双波长可谐调激光雷达系统成功实现了一个 Nd：YAG 同时泵浦两个染料激光器，将两种高空金属成分探测机制融入一台激光雷达系统中，有效地精简了激光雷达系统，减小了开发成本；由 Nd：YAG 发出的 1064 nm 激光经过倍频产生的 532 nm 激光泵浦两个染料激光器，从而实现了两种染料激光器发出的两束激光可以分别用于探测两种不同的成分。第二，该激光雷达系统发射的激光波长可以在紫外波段、红外和可见光波段范围内任意调节。由 532 nm 激光泵浦的两台染料激光器可以通过改变染料，发射从 541 nm 到 980 nm 的激光。这个波长范围包括可见光和红外波段。随着倍频器的加入，两种染料激光器产生的激光波长可以扩展到 300~490 nm 的紫外波段范围。因此，该激光雷达系统的发射单元充分利用染料激光器的特性，可以获得紫外波段、可见光波段、红外波段范围内所需的波长。第三，这台激光雷达系统可以进行长期观测。与 335 nm 或 308 nm 激光相比，使用 532 nm 激光作为泵浦激光不会破坏染料分子，也不会降低染料寿命，有利于提高染料的转化效率和使用寿命。另外，两种染料激光器利用近红外激光染料产生两束红外激光，然后将两束红外激光分别送入两个倍频器，在激光雷达系统发射部分产生钙原子层和钙离子层的共振波长。这种采用高转换效率、高寿命的红外激光染料的方法，有利于对钙原子层和钙离子层的长时间观测。

基于以上设计，北京延庆台站的激光雷达系统是一套双波长连续可调系统，可以同时探测两种金属成分，具有长期稳定运行的优点，非常有益于中层顶金属层的探测。

此外，该激光雷达系统有一些独特的技术特点。对于染料激光器来说，在其激光光谱中，有少部分的激光离中心波长范围很远，但是这对激光雷达探测却有相当大的影响。这就是染料激光器的"drag"问题（由美国科罗拉多大学初教授提出），这个问题会使激光线宽变宽。这个问题可能是由染料激光的放大自发辐射（amplified spontaneous emission，ASE）引起的。然而，在该激光雷达系统中，倍频器有效地避免了这个问题。由于在远离中心波长范围内，ASE 的影响极小并且共振荧光的倍频效率非常低。因此，倍频器可以有效地抑制染料激光的 ASE 效应。通过对钙原子层的共振波长做试验去验证这一点，发现当激光波长偏离中心波长 30～40 pm 时，钙原子层的回波信号完全不能被接收。在这个激光雷达系统的开发过程中，同时注意克服一些会使激光雷达信号衰减的技术细节：首先，光纤必须准确地在垂直方向放置在接收望远镜的焦平面上，因为垂直方向上很小的偏差都会对光纤的耦合效率造成很大的损失；其次，进入滤光片的光纤必须与滤光片以及光电倍增管（PMT）的光轴对齐，这三者错位造成的小偏差也会造成很大的信号衰减；最后，由于滤光片带宽的影响，滤光片的尺寸太小也会使信号衰减，所以使用了更大孔径的滤光片。Smith 等（2020）详细讨论了上述技术细节对激光雷达信号的影响。此外，使用的光电倍增管（PMT）的最大线性计数率为 5.0×10^{6} s^{-1}，大大降低了光电倍增管（PMT）饱和导致的计数误差。虽然两束激光的能量并不是很大，但由于上述细节处理得当，该激光雷达系统还是收到了很好的回波信号。

4.2 钙原子层和钙离子层的同时观测与比较

4.2.1 钙原子和钙离子的夜间变化

为了更好地观测钙原子和钙离子的密度变化，本书绘制了 2020 年 3 月—2022

年7月钙原子和钙离子的夜间变化图像，如图4.4（a）和图4.4（b）中展示了2020年12月10日钙原子层和钙离子层夜间变化的示例。

如图所示，钙原子和钙离子分布在82～110 km，在图4.4（a）中，第一个突发钙原子层分布在92.1～96.0 km，从观测开始一直持续到约22:20 LT，峰值密度出现在21:00 LT左右，约为153.1 cm⁻³，对应的海拔约为94.1 km。第二个突发钙原子层在22:00左右开始形成，到凌晨4:20左右呈下降趋势，高度从102.7 km下降至97.0 km。随后，它在夜间逐渐上升，达到97.9 km的高度，峰值密度约为64.9 cm^{-3}，海拔约为100.8 km。

图4.4（b）显示了三个突发钙离子层，夜间突发钙离子的变化表现出更多的形态特征。第一个突发的钙离子层与钙原子层相对应，但持续时间较长，从20:00左右持续到凌晨2:20左右。海拔从102.7 km下降到94.1 km，随后短暂上升到96.0 km，最终下降到93.1 km。峰值出现在约20:21 LT，海拔约为94.1 km，密度约为523.2 cm⁻³。第二个突发钙离子层出现在21:16 LT，初始高度为99.8 km，它经历了一个短暂的上升，直到大约103.7 km，几乎与第一个钙离子层同时上升，一直持续到22:40 LT。随后，钙离子层呈现下降趋势，最终达到大约97.9 km的高度。第二个突发钙离子层的峰值出现在1:30 LT左右，海拔约为97.9 km，密度约为231.7 cm⁻³。第三个突发钙离子层出现在凌晨3:15 LT左右，呈现下降趋势，最终从106.6 km下降至105.6 km。

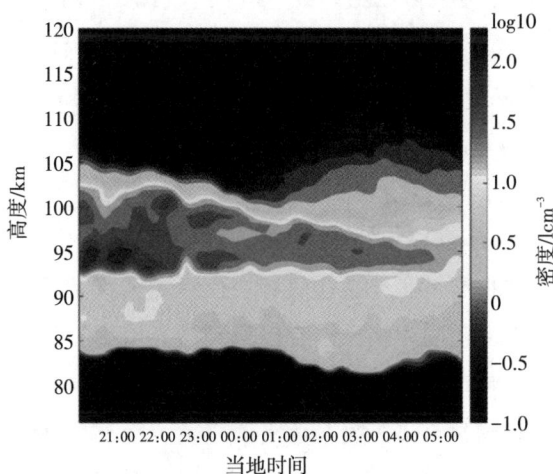

（a）钙原子层夜间变化

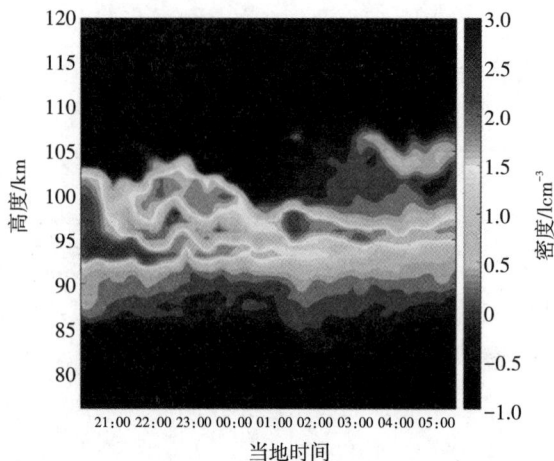

（b）钙离子层夜间变化

图4.4　2020年12月10日钙原子层和钙离子层的夜间变化

4.2.2　钙原子层和钙离子层的季节变化

北京子午工程钙层观测激光雷达采用了全固态双波长窄带系统，于2020年3月正式投入运行，用于同时观测中高层大气金属钙原子和金属钙离子密度演化。为了研究北京上空钙原子和钙离子的季节变化特征，使用2020年3月—2022年7月期间的观测数据，在剔除了阴天、激光波长偏移等因素造成的噪声数据后，有效的钙原子数据有226个夜晚（共1711 h），钙离子数据有224个夜晚（共1720 h）。不同年份同一日期的记录数据，钙原子有82个夜晚，钙离子有78个夜晚，将重复日期的数据通过多日平均法合并到同一日期。最终，同时观测到钙原子和钙离子数据的共有184个夜晚，以这些数据作为研究北京上空钙原子和钙离子层季节变化特征的基础。

图4.5中给出了三年观测时间内钙原子和钙离子数据在每个月的分布情况。由于全固态双波长窄带激光雷达只有在夜晚无云、无雨、天气晴朗时才能正常工作，北京夏季多阴雨、多云，难以达到激光雷达的开机条件，与其他季节相比，北京夏季夜晚时间较短，因此夏季观测天数和观测时长相对较短，但所有月份观测时长均超过50 h，数据量比较充足。用于季节变化分析原始数据的高度分辨率为96 m、时间分辨率为33 s。数据分析使用分辨率为高度分辨率960 m、时间分辨率330 s并在时间上进行汉宁窗宽度为9的平滑处理。

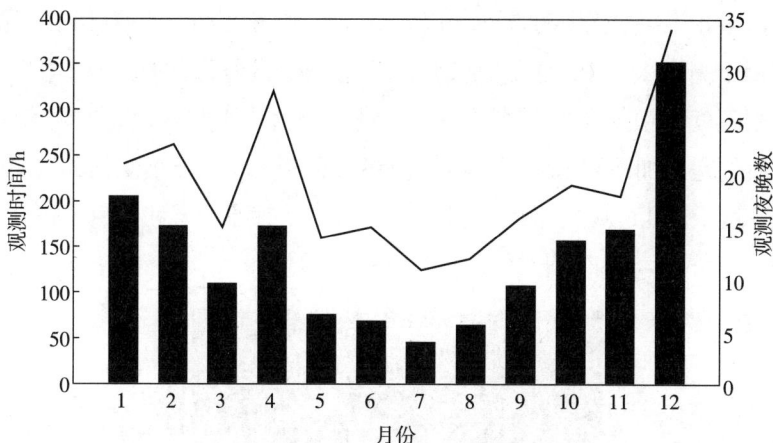

（a）钙原子激光雷达的观测时间（柱状图表示观测夜晚数，折线表示观测小时数）

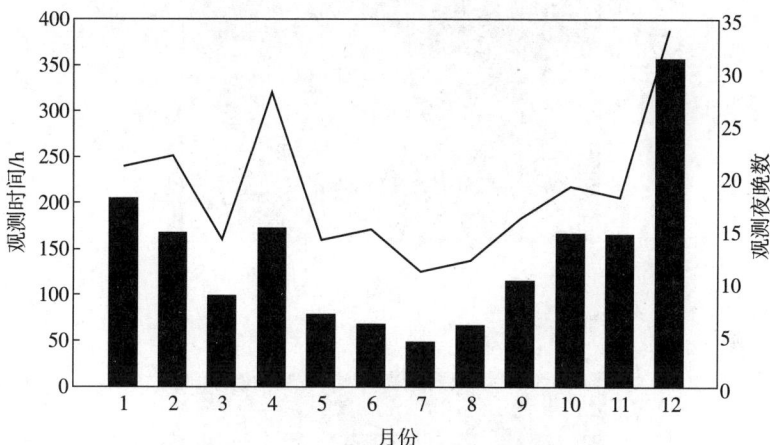

（b）钙离子激光雷达的观测时间（柱状图表示观测夜晚数，折线表示观测小时数）

图4.5 钙层观测激光雷达观测时长

由于天气等因素的影响，钙原子和钙离子的数据是不连续的，存在连续数天的数据空白，因此为了减小空白数据对季节变化的影响，本书利用现有的数据，对同一海拔每个夜晚的数据取平均值，用最小二乘法拟合如下公式获得钙原子和钙离子层的季节变化：

$$y = E + A_1 \cdot \cos\left(\frac{2\pi}{365} \cdot d - P_1\right) + A_2 \cdot \cos\left(\frac{2\pi}{365/2} \cdot d - P_2\right) \quad (4.1)$$

在式（4.1）中，左边 y 表示钙原子或钙离子的数密度，右边第一项 E 表示平均值，第二项表示年变化项，第三项表示半年变化项；第二项中 A_1 表示年变化周期的振幅，P_1 表示年变化周期的初始相位；第三项中 A_2 表示半年变化周期的振幅，P_2 表示半年变化周期的初始相位；d 表示观测数据点在一年当中的第几天。

在每个高度上，对数据进行谐波拟合。然后将得到的拟合值与观测值相减，使用宽度为91天的汉宁窗进一步平滑拟合值与观测值之间的差值。最后，将平滑后的差值加回到谐波拟合值，最终得到在时间上连续变化的钙原子和钙离子数密度。图4.6（a）、图4.6（b）分别展示了钙原子层和钙离子层密度的季节变化。

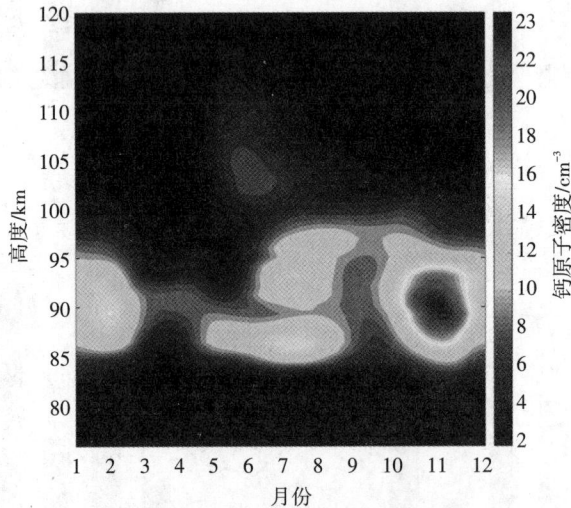

（a）钙原子层季节变化

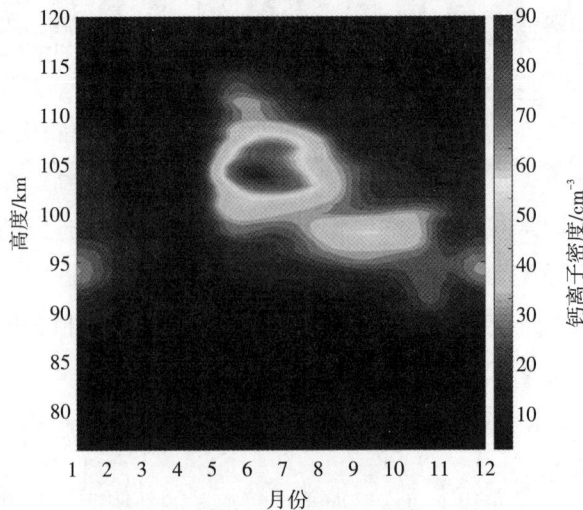

（b）钙离子层季节变化

图4.6 钙原子层和钙离子层密度的季节变化

如图4.6（a）所示，北京上空钙原子层密度具有明显的半年季节变化特征，冬夏密度较大，春秋密度较小。主层位于海拔80.6～103.7 km的范围内，峰值密度出现在11月份，达到23.1 cm^{-3}，峰值高度为90.2 km。另外两个峰值出现在冬季（1月、2月）和夏季（7月），密度分别为13.6 cm^{-3}（峰值高度为89.3 km）和13.4 cm^{-3}（峰值高度为86.4 km），最小密度出现在春季3月。在5—8月期间，钙原子主层向上延伸，形成了三层结构，主层位于82.6～100.8 km范围内，有两个突发钙原子层：一个在85.0～90.0 km，另一个在90.0～100.0 km，该层的峰值高度为93.1 km，对应峰值密度约为12.0 cm^{-3}。热层-电离层突发钙层（TISCa）位于主层之上，热层-电离层突发钙层的海拔跨度为100.0～116.0 km，峰值密度约为6.1 cm^{-3}，峰值高度为103.7 km。TISCa层与钙原子层主层的夏季峰值密度比约为2。

另外，在海拔大约105 km的区域，1—4月出现突发钙原子层的频率约为27%，10—12月的频率约为20%，而5—9月明显更高，频率约为68%。在夏季，高海拔地区偶尔会出现连续多个夜晚的突发钙原子层现象，而在春季和冬季，高海拔突发钙原子层很少出现，且断断续续，持续时间较短。这些现象也表明在夏季更容易观测到100 km以上的热层-电离层突发钙层。

图4.6（b）显示了钙离子层的季节变化，钙离子层的峰值密度出现在6月份，峰值密度约为88.8 cm^{-3}，峰值高度约为103.7 km。在夏季，钙离子层在100—115 km的海拔范围内密度较高。与突发钙原子层相比，突发钙离子（Ca$^+$s）层的出现频率更高，下一步工作将对突发钙原子层和突发钙离子层进行具体统计。根据图4.6（b），钙离子层在秋季（9月）出现了另一个峰值，密度约为52.0 cm^{-3}，峰值高度约为98.0 km，这与秋季突发钙原子层恰好相对应。

4.2.3　钙原子层和钙离子层特征参数的季节变化

反映钙原子层和钙离子层的特征参数主要包括柱密度、峰值密度、质心高度和均方根宽度（RMS）。柱密度表示特定高度范围内钙原子或钙离子的积分密度；峰值密度表示钙原子和钙离子的最大密度；质心高度反映钙原子和钙离子的分布高度；均方根宽度反映钙原子和钙离子的分布宽度。通过式（4.2）来计算上述参数：

$$m_i = \int_{z_0 - \Delta z_0/2}^{z_0 + \Delta z_0/2} z^i n_m(z) \mathrm{d}z \qquad (4.2)$$

其中，m_i 表示上述参数（柱密度、峰值密度、质心高度和均方根宽度），m 表示 Ca 或者 Ca^+，z 表示高度，z_0 取 97.5 km，Δz_0 取 45 km，计算 75 km 到 120 km 范围内的特征参数。

由上述公式可以得到柱密度 C_m、质心高度 B_m 和 RMS 均方根宽度 R_m 的计算式（4.3）、式（4.4）、式（4.5）：

$$C_m = m_0 \tag{4.3}$$

$$B_m = \frac{m_1}{m_0} \tag{4.4}$$

$$R_m = \sqrt{\frac{m_2}{m_0} - \left(\frac{m_1}{m_0}\right)^2} \tag{4.5}$$

通过公式（4.3）、式（4.4）、式（4.5）即可以计算得到钙原子层和钙离子层特征参数。图4.8至图4.11分别绘制了其柱密度、峰值密度、质心高度和均方根宽度的季节变化曲线，散点表示各特征参数的观测值，曲线表示相应数据的拟合值。

图4.7（a）显示了北京上空钙原子层柱密度与季节的变化关系。钙原子层柱密度既受年周期变化的影响，也受半年周期变化的影响。钙原子层平均柱密度为 $1.5 \times 10^7 \text{ cm}^{-2}$，最大柱密度为 $1.1 \times 10^8 \text{ cm}^{-2}$。柱密度在夏季（6月、7月）和初冬（11月、12月）出现两个峰值，在春季（3月）和秋季（9月）出现两个最小值。

图4.7（b）显示了北京上空钙离子层柱密度与季节的变化关系。钙离子层柱密度表现出明显的年周期变化，平均柱密度为 $4.2 \times 10^7 \text{ cm}^{-2}$，范围是 $1.6 \times$

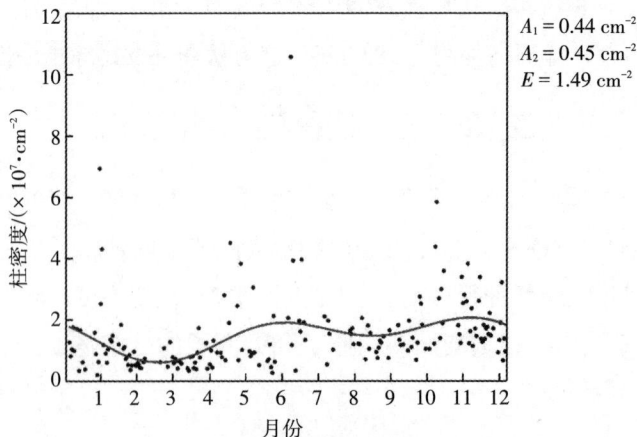

（a）钙原子层柱密度

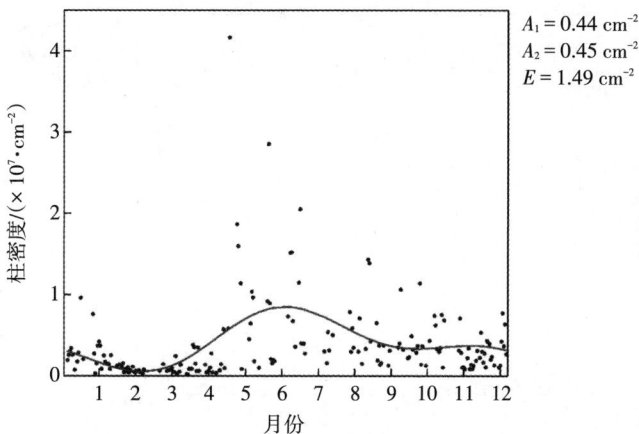

（b）钙离子层柱密度

图4.7 柱密度的季节变化

$10^6 \sim 4.2 \times 10^8 \text{ cm}^{-2}$。钙离子层柱密度在夏季（6月、7月）达到最大值，而在春季（3月）达到最小值。与钙原子层柱密度相比，两者在整个夏季都显示出极大值，但钙原子层的柱密度在冬季也出现极大值。

图4.8（a）显示了北京上空钙原子层峰值密度与时间的变化关系。钙原子层峰值密度受半年周期变化的重要影响，此外，半年周期的峰值密度变化振幅约为年周期的1.3倍，钙原子层平均峰值密度为17.8 cm^{-3}。峰值密度在夏季（7月）和冬季（12月）分别出现两个最大值，约为23.1 cm^{-3}和25.8 cm^{-3}，而在春季（3月）和秋季（9月）有两个最小值。

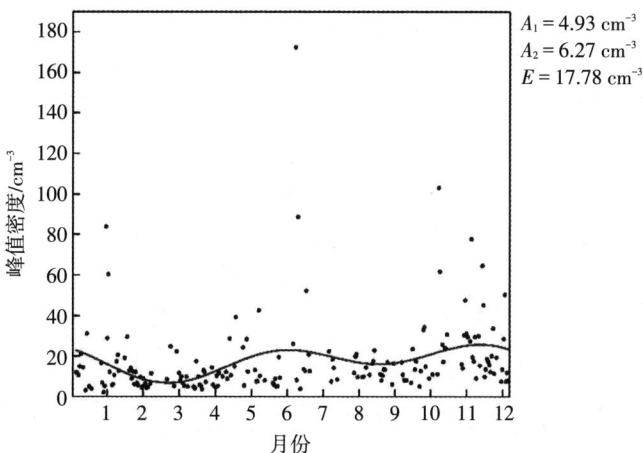

（a）钙原子层峰值密度

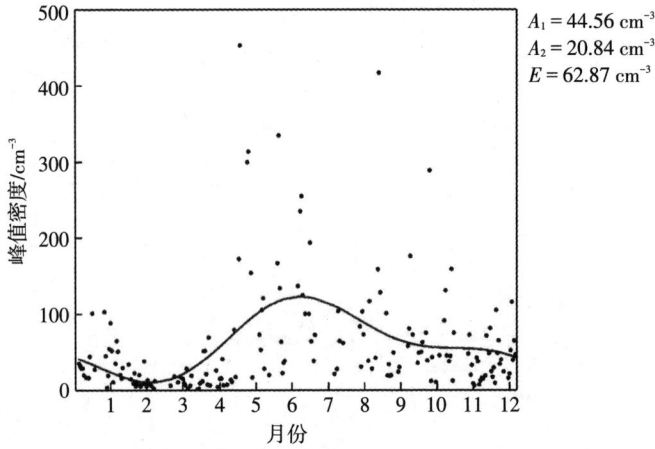

（b）钙离子层峰值密度

图4.8　峰值密度的季节变化

图4.8（b）显示了北京上空钙离子层峰值密度与时间的变化关系。如图所示，钙离子层峰值密度的年变化与钙离子层柱密度表现一致，均主要呈现年周期变化，峰值密度有一个最大值出现在夏季（6月、7月），有一个最小值出现在春季（3月），平均峰值密度为62.9 cm^{-3}。

图4.9（a）显示了北京上空钙原子层质心高度与时间的变化关系。如图所示，钙原子层质心高度表现为年周期变化，呈现先上升后下降的变化特征，在91.1～95.3 km范围内变化。平均质心高度约为93.0 km，在夏季（6月、7月）受到突发层的影响达到最大值，在冬季达到最小值。

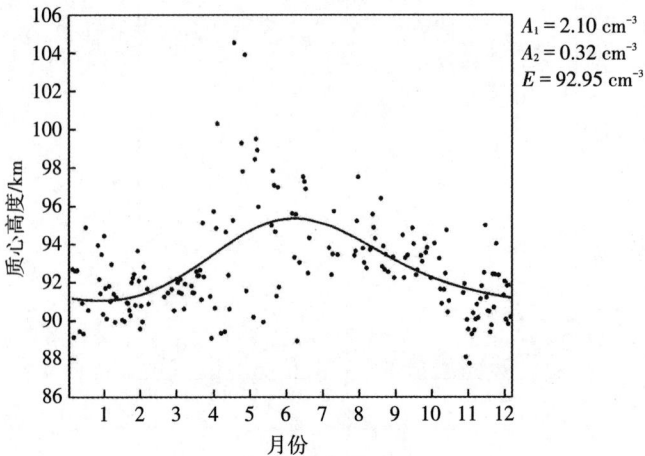

（a）钙原子层质心高度

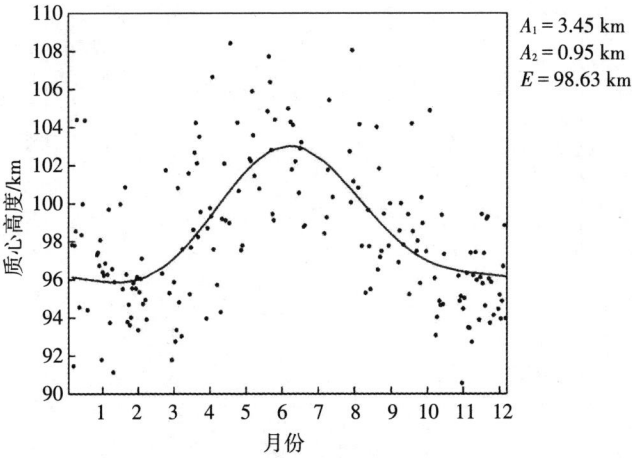

（b）钙离子层质心高度

图4.9　质心高度的季节变化

图4.9（b）显示了北京上空钙离子层质心高度与时间的变化关系。钙离子层质心高度的年变化规律与钙原子层变化相似，均表现为年周期变化，钙离子层质心高度在95.8～103.0 km范围内的变化，平均质心高度为98.6 km，比钙原子层平均质心高度高约5.6 km。

图4.10（a）显示了北京上空钙原子层均方根宽度与时间的变化关系。如图所示，钙原子层均方根宽度的季节变化与质心高度的变化相类似，表现出年周期变化，平均均方根宽度约为6.1 km，在夏季（6月、7月）达到最大值。

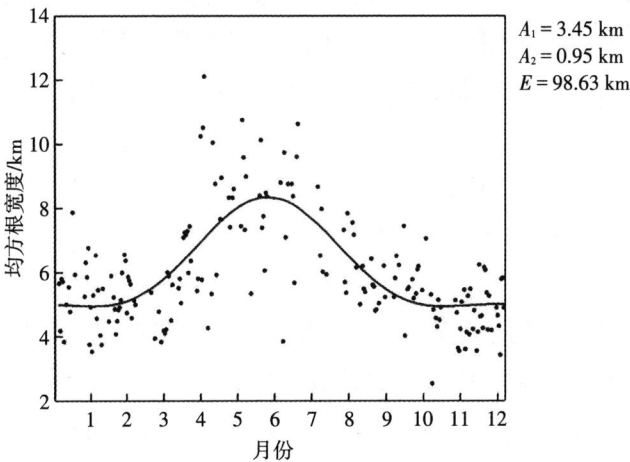

（a）钙原子层均方根宽度

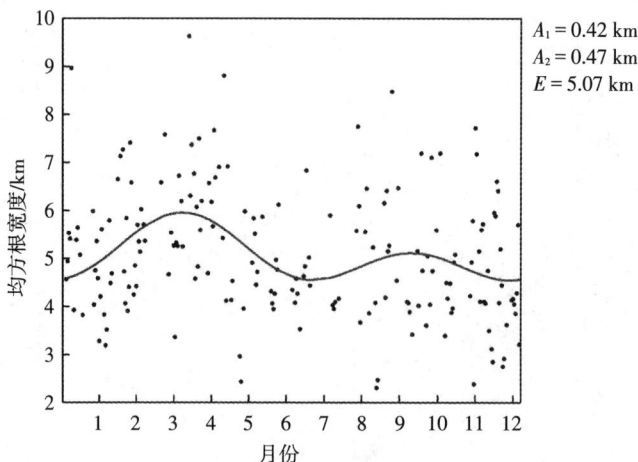

$A_1 = 0.42$ km
$A_2 = 0.47$ km
$E = 5.07$ km

（b）钙离子层均方根宽度

图4.10 均方根宽度的季节变化

图4.10（b）显示了北京上空钙离子层均方根宽度与时间的变化关系。钙离子均方根宽度受半年周期变化影响，均方根宽度年平均值约为5.1 km，具有两个最大值，分别出现在春季（3月、4月）和秋季（9月、10月），有一个最小值出现在夏季（7月），它与钙原子层的均方根宽度变化相反。

4.2.4 钙原子层与钙离子层的比较

为了进一步比较钙原子层和钙离子层在季节变化上的差异，计算钙原子层和钙离子层的年平均密度变化及它们特征参数比值的季节变化（柱密度、峰值密度、质心高度和均方根宽度），分别在图中展示了它们的变化曲线。

图4.11显示了钙原子层和钙离子层年平均密度随高度变化的曲线，从图中观察可知，随着高度的上升，钙原子层和钙离子层的年平均密度均先逐渐增加，到达峰值密度后逐渐减小。在80 km以下，钙原子层密度较小，接近于零，然后逐渐上升至约90.2 km，年平均峰值密度大约为10.8 cm^{-3}，然后逐渐下降至120 km，密度接近于零。钙离子层在83.5 km以下密度较小，与钙原子层的变化趋势相似，但钙离子层有两个峰值，分别出现在高度大约98.0 km和103.7 km处，峰值密度分别约为21.4 cm^{-3}和22.7 cm^{-3}，这与图4.7（b）中钙离子层季节变化夏季（6月）和秋季（9月）的两个极大值相对应，钙离子层年平均密度的峰值高度比钙原子层高13.5 km，另外钙离子层在下降过程中的密度均高于钙原子层密度。

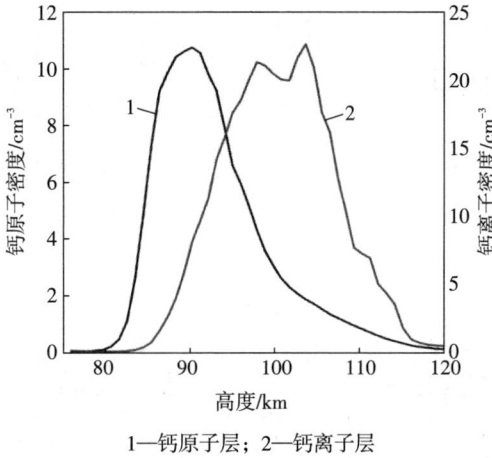

1—钙原子层；2—钙离子层

图4.11　钙原子层和钙离子层年平均密度的变化曲线

将钙离子层和钙原子层的特征参数相比，进一步研究特征参数比值随时间变化的关系，图4.12、图4.13展示了钙离子层与钙原子层柱密度、峰值密度、质心高度和均方根宽度比值的季节变化，散点表示钙离子层与钙原子层相应参数观测数据的比值，曲线表示对散点数据拟合得到的平滑曲线。

如图4.12（a）展示钙离子层和钙原子层柱密度比值的季节变化，柱密度的平均比值大约为3.3，柱密度之比主要受年变化影响，夏季比值较高，冬季比值较低，在夏季出现极大值，表明在夏季钙离子层相对于钙原子层具有更高的柱密度。图4.12（b）显示了钙离子层和钙原子层峰值密度比值的季节变化，峰值密度比值表现出与柱密度比值相似的变化趋势，以年变化为主，峰值密度

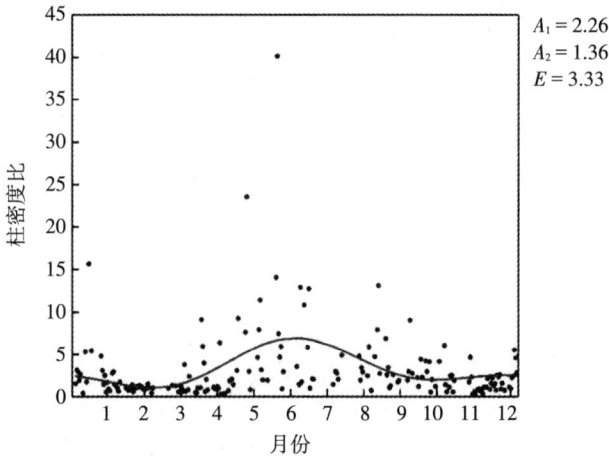

$A_1 = 2.26$
$A_2 = 1.36$
$E = 3.33$

（a）柱密度比

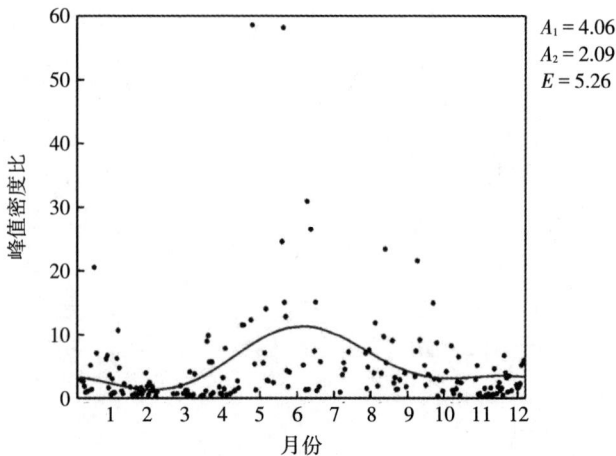

$A_1 = 4.06$
$A_2 = 2.09$
$E = 5.26$

（b）峰值密度比

图4.12　钙离子层和钙原子层柱密度比值和峰值密度比值的季节变化

的平均比值大约为5.3。通过比较钙离子层和钙原子层柱密度比值和峰值密度比值的变化，从图上可以看出，在夏季，钙离子相对于钙原子在柱密度和峰值密度上的比率更高，在冬季比率更小，在春季有一个极小值。

图4.13（a）中展示了钙离子层和钙原子层质心高度比值的季节变化，质心高度的平均比值约为1.06，在夏季，钙离子层与钙原子层的质心高度之比有一个极大值，从图中观察可知，整体上质心高度的比值在1.05附近上下波动，钙离子层与钙原子层的质心高度是相对同步变化的。图4.13（b）中展示了钙

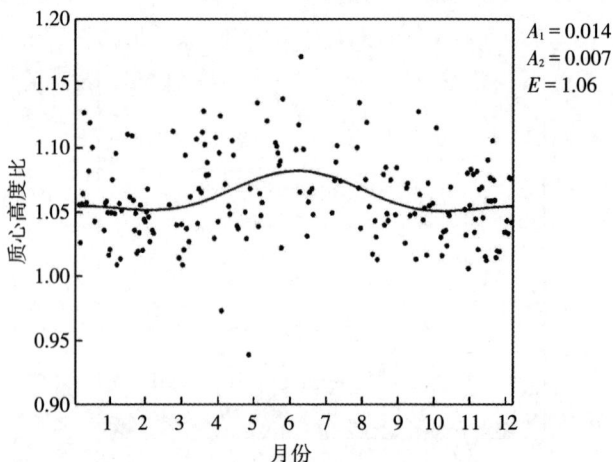

$A_1 = 0.014$
$A_2 = 0.007$
$E = 1.06$

（a）质心高度比

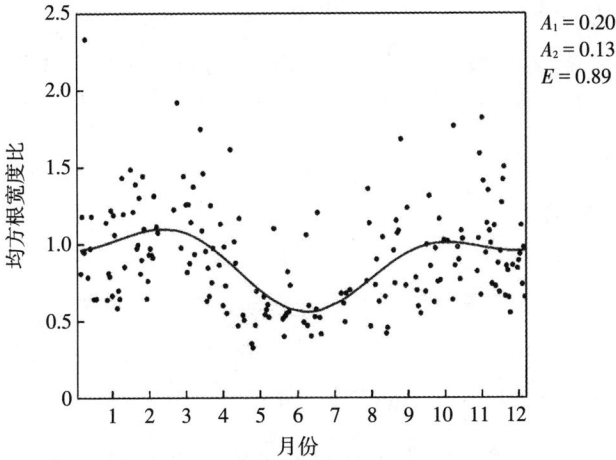

（b）均方根宽度比

图4.13 钙离子层和钙原子层质心高度比值和均方根宽度比值的季节变化

离子层和钙原子层均方根宽度比值的季节变化，均方根宽度的比值变化与质心高度比值变化相反，在夏季有一个极小值，均方根宽度的平均比值约为0.89。

4.2.5 背景钙离子层的探测

过去报道激光雷达观测到的钙离子层类似于金属原子观测中的"突发层"，而且Granier等（1989）和Alpers等（1996）分别提到了"并不是每一次探测都可以观测到钙离子""没有发现持续存在的钙离子层"，这样，就出现了又一个值得思考的问题：激光雷达是否可以观测到持续存在的钙离子背景层呢？利用火箭搭载的质谱仪观测金属离子，存在两点局限：一方面，相对分子质量相同的离子很难被区分，例如，MgO^+和$NaOH^+$的相对分子质量都是40，很容易和Ca^+混淆；另一方面，一次火箭探测只能提供一条廓线，无法反映出金属离子随时间的变化。地基激光雷达的观测很好地打破了这两个局限，可以提供金属离子随时间和空间的演化过程，从而进一步提供夜变化甚至季节变化的信息。

北京延庆台站的钙原子、钙离子同时探测激光雷达对电离层D区的钙离子展开观测与研究，详细地去描述背景层以及突发层中的钙离子层，钙原子层。延庆激光雷达得到更高的单脉冲能量，拥有更高的探测灵敏度，可以观测到更微弱的钙离子层。本书目前已经初步确认钙离子背景层的持续存在性，以及钙离子背景层和钙原子背景层下边界的相似性；这些长寿命的钙离子可以成为电离层 D 区唯一的离子示踪剂；此外，本书还有同时同地的钙原子观测数据，可以为 D 区电动力学和化学过程的研究提供有力的数据支撑，为未来金属层模型的改进和发展提供有效的观测依据。

4.3 D 区钙离子层

2001 年，Gerding 等统计了激光雷达观测的突发钙原子层和钙离子层的高度分布，其中，只有 1/99 的钙离子层分布在 90 km 之下。此后，研究人员报道了一些高度分布在 90~180 km 的突发钙原子和钙离子层（Granier et al.，1989；Alpers et al.，1996；Gerding et al.，2001；Raizada et al.，2011；Raizada et al.，2020），但是到目前为止的激光雷达观测中，高度分布在 90 km 之下电离层 D 区的钙离子层还没有被报道过。目前观测到的金属原子的下边界通常在80 km 附近，有时可以低至 75 km，但是金属离子的观测都在 90 km 之上，这样的观测现状对于全面地理解从电离层 E 区到 D 区的动力学和化学过程十分受限。

高度范围低于 90 km 的金属离子层之所以被忽略，是因为在现有的模型中，金属离子到达 90 km 会迅速地参与到辐射复合和离解复合的化学反应中，通过与周围的电子或分子离子发生化学反应，转化为金属原子。例如，Raizada 等，根据 Broadley 等 2007 提到的 Ca^+ 和 O_3，O_2，N_2，CO_2，H_2O 的化学反应，计算了阿雷西博天文台站上空钙离子的寿命，在 90 km 之下的高度范围，钙离子的寿命通常不超过 10 min（2012）。既然如此，就出现了一个值得思考的问题：在低于 90 km 的高度范围内真的不存在金属离子了吗？还是只是因为金属离子的密度太小了，以至于受到探测灵敏度的限制，这些微弱的离子没有被看到？

事实上，早在 1955 年，为了解释夜间长期存在的 E 层，Nicolet 就提出了电离层中存在着金属离子的假设。一年后，Vallance-Jones（1956）首次通过光栅摄谱仪研究大气光谱，证实了 100~120 km 钙离子的存在。随后，一系列的火箭探测观测到了金属离子主要集中在 90~100 km 的高度范围，并常常在100 km 之上还会出现另一个金属离子层。其中包括 Istomin（1963）利用火箭搭载的质谱仪在 USSR 上空观测到的位于 100~120 km 且峰值密度大约位于103 km 的 Mg^+ 和 Fe^+，但是由于 Ca^+ 的密度常常在探测极限值之下，不能确定它的峰值到底位于什么高度。

在目前已有的关于钙离子的火箭探测中，有两篇文献报道了观测到的钙离子层出现在90 km之下，一篇是Narcisi等（1965）报道的64～112 km的正离子，文中用图片展示了质量为40的离子（Ca$^+$或MgO$^+$）和23（Na$^+$），24（Mg$^+$）的高度分布非常相似，都位于80 km之上的高度范围。另一篇是Kopp（1997），给出了Fe$^+$，Mg$^+$，Ca$^+$，和Na$^+$五次探测得到的廓线图，其中四次都可以清晰地辨别这些金属离子位于80～130 km的高度范围，但是另一次受到探测灵敏度的限制，没有观测到明显的钙离子层。与激光雷达观测到的窄的、突发的钙离子层不同，这些火箭观测得到的廓线图展示的钙离子层都弥散地分布在空间中，下边界都可以到达80 km。

利用火箭搭载的质谱仪观测金属离子，存在两点局限：一方面，相对分子质量相同的离子很难被区分，例如，MgO$^+$和NaOH$^+$的相对分子质量都是40，很容易和Ca$^+$混淆；另一方面，一次火箭探测只能提供一条廓线，无法反映出金属离子随时间的变化。地基激光雷达的观测很好地克服了这两点局限，可以提供金属离子随时间和空间的演化，从而进一步提供夜变化甚至季节变化的信息。

4.4 突发钙离子层

4.4.1 突发钙离子层的激光雷达观测

本书选取了北京延庆台站2020年4月—2022年6月的钙离子数据，共覆盖266个夜晚，总观测时间为2193.73 h。其中可实现激光雷达与电离层测高仪同时观测的数据为200个夜晚，观测时间为1797.79 h。所有观测时长分布在每个月中的观测时间以及分布在每个小时内的观测时间，统计在图4.14中。图4.14（a）展示了每个月的激光雷达观测时长，平均每月的观测时间为149.82 h。在图4.14（b）中，激光雷达观测时间分布在17～30 LT范围内，每日观测的开始时间和结束时间的平均值分别为19：45 LT和28：36 LT。观测时间主要集中在20～28 LT的时间段内。

在研究金属钠原子的突发金属层现象中，Dou等（2013）提出突发金属层是在狭窄的海拔范围内发生的金属密度增强的瞬态现象。Xue等（2013）对金

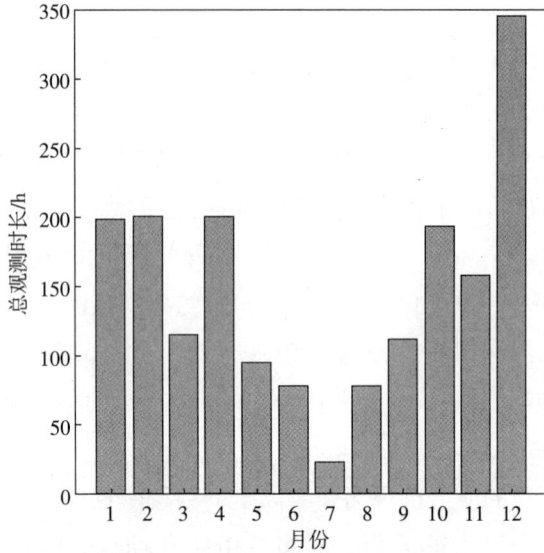

（a）每月激光雷达观测总时间分布

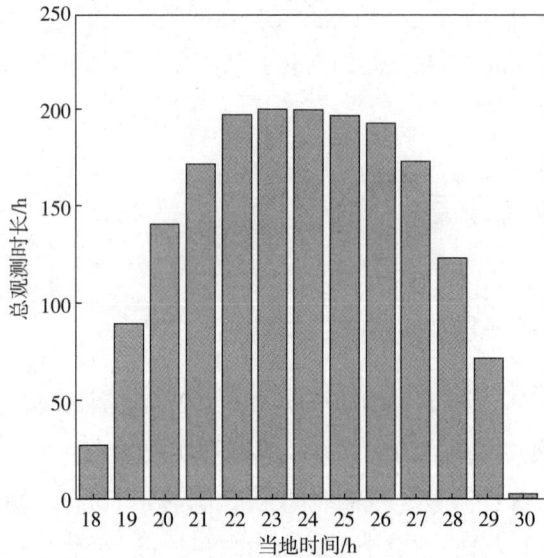

（b）每小时激光雷达观测总时间分布

图4.14　钙离子激光雷达观测每个月的观测时间分布与每小时的观测时间分布

注：图4.14（b）中，18代表18～19 LT内的总观测时间，其他同理。

属密度增强做了进一步解释，认为突发钠原子层是金属密度在背景层水平上的突然增加。

而对于长寿命的金属钙离子，Gerding 等（2001）通过 altitude extension

（FWHM）定义突发金属离子层：FWHM 小于 5 km。本书中的突发钙离子层定义是指：钙离子层密度大于钙离子平均背景密度 2 倍并且突发钙离子层的宽度小于 5 km（Gerding et al., 2001；Dou et al., 2013）。对 2020 年 4 月—2022 年 6 月间延庆钙离子数据进行统计，共观测到了 286 个突发钙离子事件。突发钙离子层平均出现率定义为，有效总观测时间内钙离子突发事件的次数与有效总观测小时数的比值，因此北京地区的钙离子层突发的平均出现率约为 6.29 小时/一次事件。

图 4.15 展示了两例特征明显的突发钙离子层事例，以及钙离子激光雷达观测时间的月分布和每小时分布及对应的突发钙离子发生率。图 4.15 中，有两例

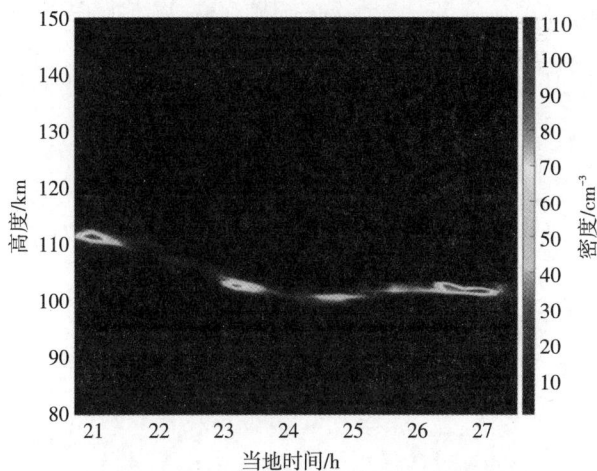

（a）延庆 2021 年 4 月 16 日钙离子密度

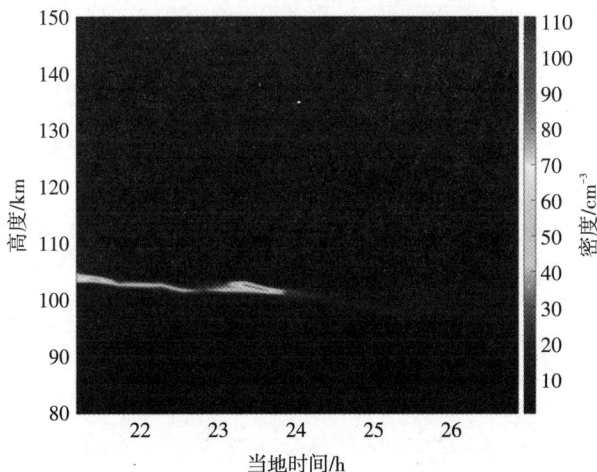

（b）延庆 2021 年 5 月 27 日钙离子密度

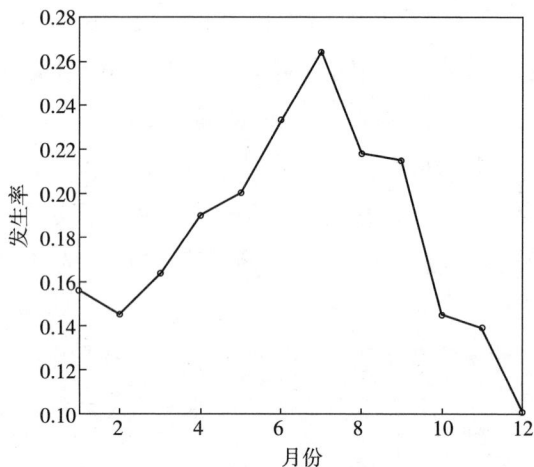

（c）每月钙离子突发时间发生率

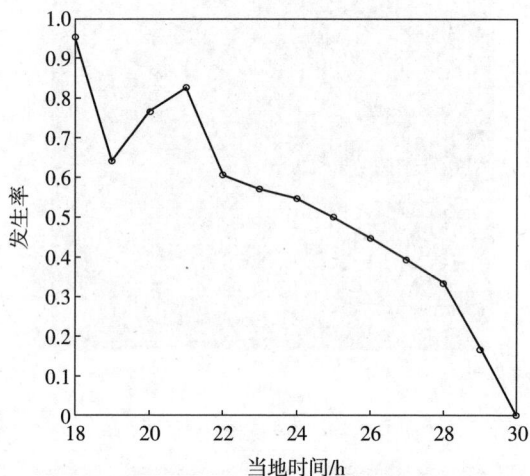

（d）每小时钙离子突发时间发生率

图4.15　（a）（b）是2021年4月16日和2021年5月27日突发钙离子示例，
（c）是突发钙离子在夏季的发生率，（d）是夜间突发钙离子每个小时的发生率

突发钙离子层事件，第一个事件［图4.15（a）］的时间范围为20:40—23:42 LT；开始高度为113.3 km，结束高度为101.8 km；峰值时间为20:58 LT，峰值高度为111.4 km，峰值密度为111.7 cm^{-3}；突发钙离子层呈下降趋势，下降速度为1.06 m/s。第二个事件的时间范围为26:11—27:29 LT；开始高度为103.7 km，结束高度为100.8 km；峰值时间为20 LT，峰值高度为101.8 km，峰值密度为108.3 cm^{-3}；突发钙离子层呈下降趋势，下降速度为0.62 m/s。第二事件［图4.15（b）］的时间范围为21:08—25:58 LT；开始高度为104.6 km，结束高度为97.92 km；峰值时间为23：24 LT，峰值高度为102.7 km，峰值密度为84.71 cm^{-3}；突发钙离子层呈下降趋势，下降速度为0.412 m/s。

定义钙离子的每月发生率为，每个月内突发钙离子事件次数与该月总观测时间的比值；钙离子的每小时发生率为，每个小时内突发钙离子事件次数与该小时总观测时间的比值。图4.15（c）中展示了1—12月每月的突发钙离子发生率，发生率分布在0.101～0.264，月均发生率为0.181。7月份突发钙离子发生率达到全年最高，为0.264；12月份突发钙离子发生率全年最低，为0.101。图4.15（d）中展示了18～30 LT每小时的突发钙离子发生率，分布在0～0.952，每小时平均发生率为0.519。突发钙离子层每小时发生率呈现出双峰值，在日落后18：00 LT，突发钙离子达到首个发生率峰值为0.952，在21：00 LT达到第二个峰值0.826，之后发生率随时间逐渐下降；突发钙离子层的发生率在18：00～24：00 LT均保持在0.547及以上。

4.4.2　突发钙离子层与Es层相关性统计

金属离子是零星E层的主要组成部分（Kopp，1997），Raizada（2011）同时进行钙原子和钙离子的观测，发现钙离子密度与电子的密度同时变化。接着Raizada等，（2012）观测到了一个与电子相关的下降钙离子层。这些现象说明钙离子层与突发E层存在着可能的时间和空间相关性。为此本书选取了在距离延庆站28 km的十三陵站（40.3°N，116.2°E）同时进行电离层测高仪联合观测。电离层测高仪的时间分辨率为15 min，高度分辨率为1 km，从电离层测高仪的SAO文件中可以获得突发E层（Es层）的发生时间，虚高（h'Es）（km），临界频率foEs（Mhz）的信息，这里选取的Es层，满足临界频率foEs大于2 Mhz。

定义突发钙离子层与Es有相关性是指突发钙离子层的时间与Es的时间相差15 min以内，高度相差5 km以内。图4.16（a）、图4.16（c）展示了2021年6月2日与2021年6月4日两日激光雷达观测到的钙离子数据与电离层测高仪观测到的突发E层（Es）数据，图中线段的下端点是Es的虚高（h'Es），线段的长度是Es层的临界频率foEs的数值大小。图4.16（a）中，突发钙离子层从21：02 LT持续到26：31 LT，高度分布在100～110 km范围内，宽度约为5 km，整个观测周期的峰值密度为407.4 cm^{-3}，峰值时间为25：51 LT。Es出现在21：30 LT到26：15 LT，高度分布在100～111.3 km，最大临界频率foEs为7.05 MHz，Es的轨迹大致随着突发钙离子层呈下降趋势。图4.16（c）中，突发钙离子层从21:00 LT持续到25:55 LT，高度分布在96～120 km范围内，宽度约为5 km，整个观测周期的峰值密度为705.3 cm⁻³，峰值时间为24:43 LT。Es层出现在21:15 LT到26:15 LT，高度分布在97.5～121.3 km，最大临界频率foEs为6.7 MHz，Es层的轨迹大致随着突发钙离子层呈下降趋势。图4.16（b）、图4.16（d）展示了突发钙离子层在观测周期内与Es层的相关情况，并且计算了它们之间的线性皮尔逊系数分别为0.7733与0.9046。本书发现突发钙离子层与Es层具有显著的相关性。

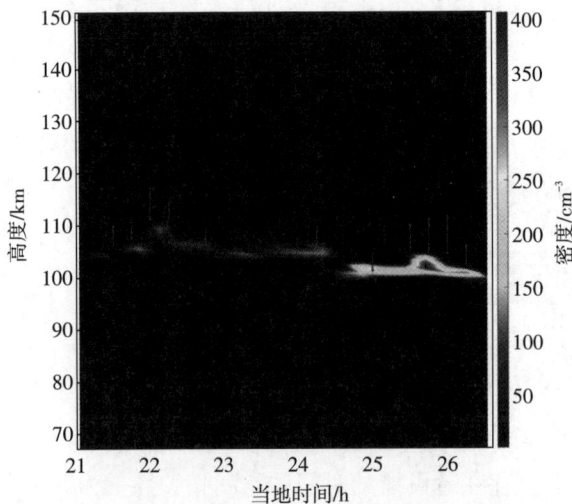

（a）延庆2021年6月2日钙离子密度

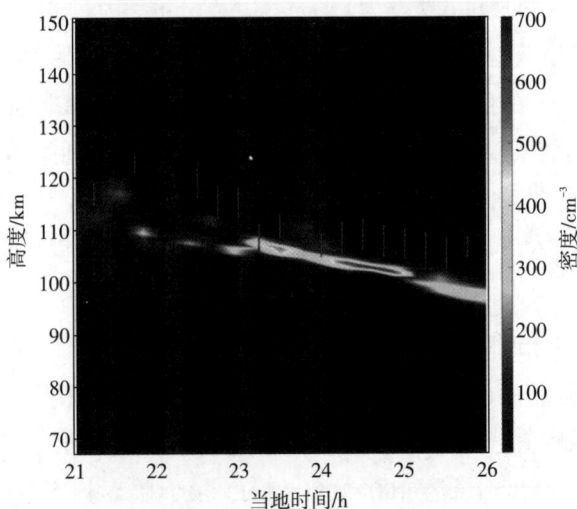

（b）延庆2021年6月2日钙离子与Es相关性

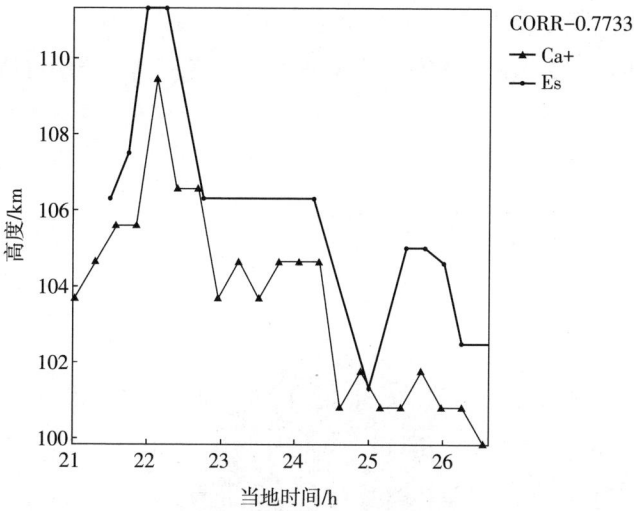

（c）延庆2021年6月4日钙离子密度

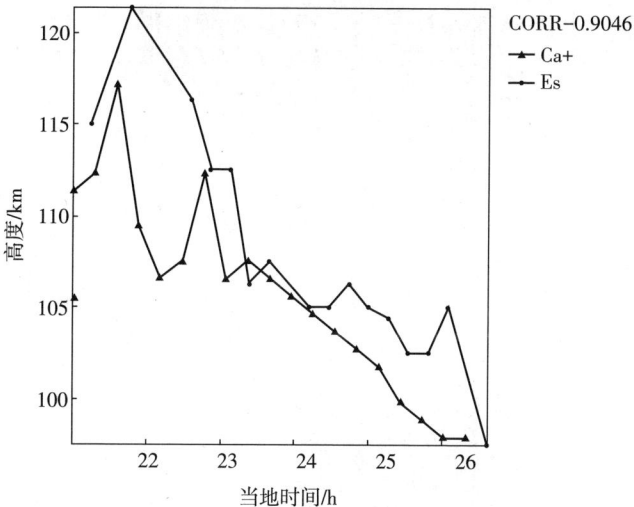

（d）延庆2021年6月4日钙离子与Es相关性

图4.16 2021年6月2日与2021年6月4日两日钙离子与Es层相关性展示及对应的相关率图

　　两个特例展示了突发钙离子层与Es层在时间和空间上的关系，通过计算相关系数发现，突发钙离子层与Es层具有相关性。对所有的突发钙离子与Es层的时间分布与空间分布做了统计，并且一同绘制在图4.17中，其中深色为突发钙离子的参数，浅色为Es层的参数。图4.17（a）中是突发钙离子层与Es层的发生时间分布，Es层主要发生在20—26 LT时间内，与突发钙离子层发生时间具有一定的重合。图4.17（b）中展示了突发钙离子层和Es层的发生高度分布，发现突发钙离子层与Es层高度范围不同。Es层分布在91.9～129.3 km高度范围，主要发生在101.5～112.1 km高度范围。突发钙离子层总体分布在88～120 km范围内，钙离子层与Es层的发生高度存在重合，在95.74～114.9 km高度内重合次数最多。

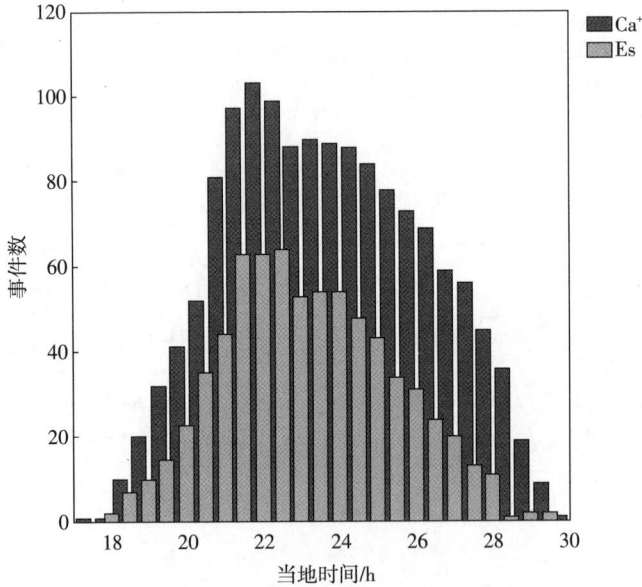

(a) 钙离子与Es发生时间

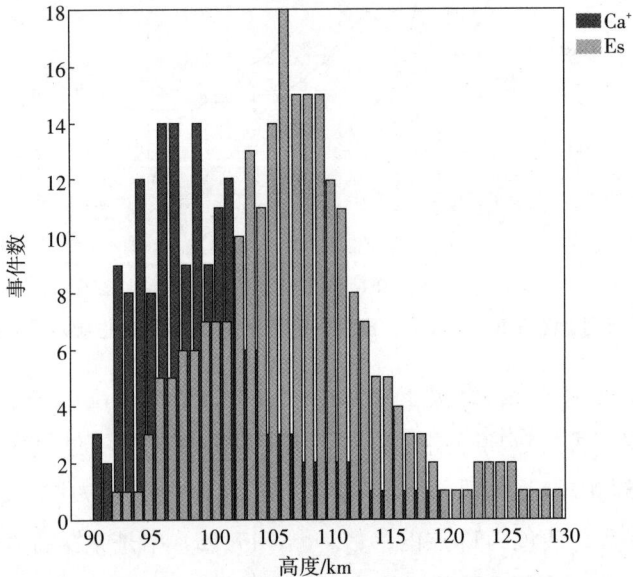

(b) 钙离子与Es高度分布

图4.17　钙离子和Es层的时间分布、高度分布

图4.18展示了北京地区突发钙离子层的时间、高度以及钙离子峰值密度分布的直方图。图4.18（a）中，突发钙离子层的出现时间分布在18～30 LT，突发钙离子层主要在20～27 LT时间段内出现，平均发生时间为23.49 LT。图4.18（b）中是突发钙离子层的高度分布，总体分布在88～120 km范围内，突发钙离子层高度主要集中在92.16～100.8 km高度范围，突发钙离子层的平均高度为99.06 km。图4.18（c）中，突发钙离子的峰值密度分布在5.33～2200 cm^{-3}范围内，突发钙离子层的密度主要分布600 cm^{-3}以下，平均密度为315.98 cm^{-3}。

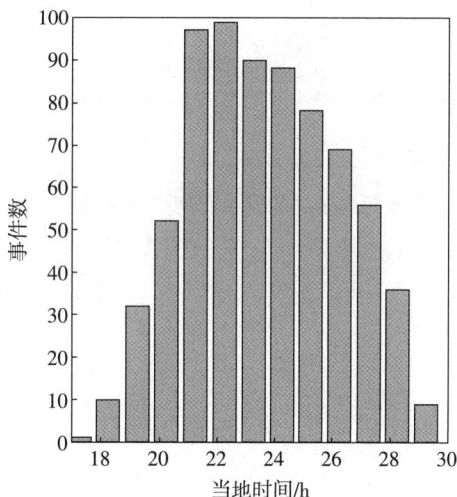

（a）突发钙离子发生时间

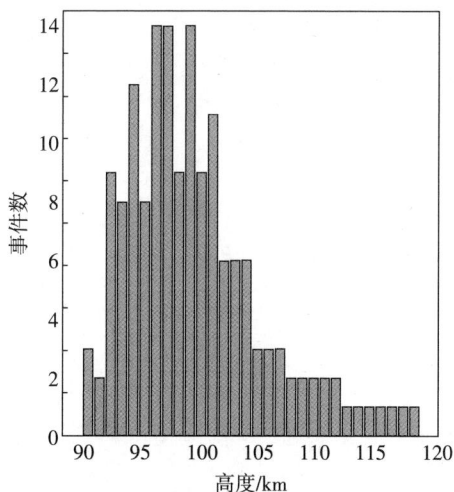

（b）突发钙离子高度分布

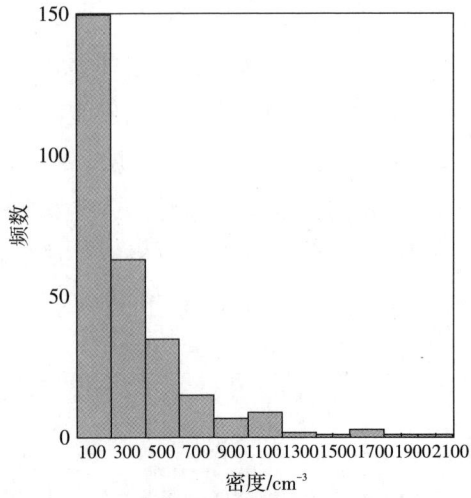

（c）钙离子峰值密度

图4.18　北京地区突发钙离子层的发生时间、高度范围、峰值密度的直方图

第5章 钾激光雷达工作原理
与钾层变化特性

5.1 大气钾原子的观测与研究

中高层大气中钾原子层的存在最早于1964年由Sullivan等利用光度测量的方法发现的。而激光雷达首次实现对钾层的观测则是1973年由Felix等在牙买加的金斯敦（18°N，77°W）完成的。随后，Megie等1978年在法国普照罗旺斯天文台（44°N，6°E）对钠层与钾层同时进行了一年的观测，并指出钾层的季节变化并不明显。在此之后的二十年，钾层的研究进展十分缓慢。直到1996年，von Zahn等研制出了一台全固态钾层测温激光雷达，并报道了钾层密度和大气温度的初步观测结果。1998年，Eska等利用这台钾层激光雷达对德国库隆斯博思上空的钾层进行了长达一年的观测，给出了钾层的年平均柱密度为 $4.4 \times 10^7 \, cm^{-2}$，并且指出钾层具有明显季节变化特征，冬夏极大，春秋极小。由于这台全固态激光雷达体积小，便于运输，Eska等将其安装到德国的科考船Polarstem上，随船对54°N和71°S之间的钾层进行了观测，首次报道了钾层的纬度分布特征，随着纬度的增加，钾层的密度逐渐降低。并且比照钠层模型建立了第一个钾层模型。此后，Fricke-Begemann等和Höffner等分别对低纬地区特内里费岛（西班牙）（28°N）和高纬地区斯匹次卑尔根岛（挪威）（78°N）上空的钾层和大气温度进行了详细的报道。

阿雷西博天文台（18.35°N，66.75°W）的激光雷达组对钾层的研究也作出了突出的贡献。Friedman等2002年对低纬地区钾层的季节变化进行了报道。Friedman等2003年利用钾层测温激光雷达对中层顶区域的大气温度、电离层E层、大气金属层等进行了深入的研究。2003年，Tepley等对钾层，钙离子层和电子密度进行了比较研究。2004年，Raizada对钾层，钙原子层以及它们的突发活动进行了比较研究。2005年，Zhou等对离子，钾层和钠层进行了比较研究。2006年，Delgado等建立了一个钾层模型，对低纬地区的钾层的变化进行了模拟和分析。2013年，Friedman等观测到了155 km处的低热层钾层，以2.56 m/s的速率向下运动，最终并入主钾层。

近年来，英国利兹大学化学学院Plane的研究组在钾层模型方面取得了重大突破。Plane等2014年建立了WACCM-K模型，解释了钾层冬夏极大，春秋极小的季节变化特征。Dawkins等利用卫星的观测数据反演了几乎全球的钾层，并与模型模拟的结果进行了比较。Feng等利用WACCM-K模型模拟了钾层的昼夜变化特征，并指出钾层的昼夜变化主要受到光化学作用的影响。WACCM-K模型的建立对钾层以及大气金属层的研究起到了极大的推进作用。

在国内，程学武等2011年研制了钠层与钾层同时观测的激光雷达。李勇杰等对武汉（30.5°N，114.0°E）上空钠层与钾层进行了比较研究。Jiao等报道了北京（40.4°N，116.0°E）上空突发钾层的出现率和特性，并与同时同地观测到的突发钠层以及E_s层进行了比较。Wang等报道了东亚中纬度地区钾层的季节变化特征，冬夏极大，春秋极小；与其他地区的观测结果不同的是北京上空的钾原子浓度冬季比夏季大。

5.1.1 钾激光雷达的发展

具有代表性的一些研究团队的钾原子激光雷达的具体参数如表5.1所示。

表5.1 钾原子激光雷达参数

文献	地理位置	激光器单脉冲能量/mJ	望远镜直径/m
1. von Zahn and Höffner, 1996	德国 Juliusru (54.5°N, 13.4°E)	100	0.8
2. Eska et al., 1999 （1激光雷达升级改造搬迁）	德国 Kühlungsborn (54°N, 12°E)	150	0.8
3. Friedman et al., 2002	美国 Arecibo (18.3°N, 66.7°W)	100	0.8
4. 子午工程延庆台站	中国 北京延庆台站 (40.5°N, 116.0°E)	45	1.0

5.1.2　北京延庆钾激光雷达基本参数与探测优势

子午工程北京钠钾同时观测激光雷达是由原子午工程北京中高层大气探测激光雷达升级改造建设而成，于 2010 年 11 月—2011 年 10 月和 2013 年 5 月—2014 年 4 月开展观测，共有 220 个观测夜晚，有效观测时长达 1250.8 h。包括激光发射单元、信号接收单元、数据采集单元和系统控制单元四部分，激光发射单元主要由 Nd：YAG 激光器，染料激光器，倍频晶体，全反镜，分色镜，扩束镜，步进电机等主要设备组成，并且采用了二次倍频余光复用的技术。

Nd：YAG 激光器发出 1064 nm 的激光，通过倍频晶体（SHG1），产生第一束 532 nm 的激光（绿色），再经过分色镜将 532 nm 和 1064 nm 的混合光分开，532 nm 的激光反射，剩余的 1064 nm 的激光透射。第一束 532 nm 的激光用于一台泵浦染料激光器，产生 770 nm 的激光。剩余的 1064 nm 的激光再次通过倍频晶体（SHG2），产生第二束 532 nm 的激光。第二束 532 nm 的激光用于另一台泵浦染料激光器，产生 589 nm 的激光（黄色）。770 nm 和 589 nm 的激光分别经过扩束镜，调整激光的发散角和准直度，再由全反镜反射，沿垂直方向入射到地球大气中。此外，激光的出射方向还要和望远镜视场方向相匹配，所以需要用步进电机精确地调整激光的出射角度。

信号接收单元最主要的设备是直径 1 m 的反射式卡塞格林望远镜，主镜镀铝加 SiO_2 保护膜，实现光的全波段接收。接收到的光经分色镜分光，589 nm 的激光透过，770 nm 的激光被反射，两束激光再分别通过窄带滤波片，抑制掉其他波长的光，保留特定波长的光信号。高量子效率的光电倍增管（PMT）再将微弱的光信号转换成电信号。

数据采集单元的核心设备是光子计数卡。基于光的粒子性探测，光子计数卡借助光电倍增管的单光子检测技术，把各光电子脉冲逐一地记录下来，用一定时间内的光子计数值来表征信号的大小。光子计数卡具有探测灵敏度高的优点，可以捕捉到极弱的光信号，并将其以数字信号的形式储存到工控机中。

系统控制单元负责控制全部激光雷达系统的时序和延时，将激光发射单元、信号接收单元和信号采集单元有机结合，彼此协调工作，使之成为一个整体。将 770 nm 的激光分出一部分用于检测波长和触发信号。分出的 770 nm 激光一部分入射到充满钾原子蒸气的空心阴极灯中，检测出射激光的波长是否存在漂移，并通过智能的原子稳频系统自动调整激光的出射波长，使其始终处于

钾原子 D_1 线的共振波长。另一部分分出的 770 nm 激光作为触发信号入射到主波采样器中，主波采样器将触发信号传递到时间控制器，时间控制器分配延时给光子计数卡，用于数据的采集。

数字示波器同时接入四个通道的信号，用于监测整个激光雷达系统是否处于正常的工作状态。四个通道分别是钠层信号通道、钾层信号通道、波长检测通道和触发信号通道。分别用于监测钠层信号强度，钾层信号强度，770 nm 激光波长的漂移以及信号是否完成触发。

表 5.2　钾原子激光雷达参数

发射单元		接受单元	
激光波长/nm	769.898	望远镜直径/m	1
激光线宽/GHz	1.44	视场角/mrad	2
脉冲能量/mJ	45	滤波器带宽/nm	1.0±0.2
脉冲宽度/ns	10	峰值透射比	>75%
重复频率/Hz	30	PMT 量子效率	<12%
激光发散角/mrad	0.5		

5.2　背景钾层

5.2.1　钾原子季节变化

2010 年 11 月—2011 年 10 月和 2013 年 5 月—2014 年 4 月两个完整的周期，共有 220 个观测夜晚，有效观测时长达 1250.8 h。由于北京夏季多雨，冬季干燥的气候特征，钾层夏季的观测数据与冬季相比相对较少。但 6 月和 7 月的有效观测时间均超过了 16 h，这足以支撑本书完成钾层季节变化的研究。

北京上空钾层两年夜间平均的柱密度为 $8.41 \times 10^7 \ cm^{-2}$，峰值密度为 80 cm^{-3}，质心高度为 89.7 km，RMS 宽度为 4.5 km。钾原子的浓度具有非常明显的半年变化周期，冬夏极大，春秋极小。钾层的各特征参数也都具有半年变化周期。柱密度和峰值密度冬夏极大，春秋极小。质心高度则是春秋极大，冬夏极小。RMS 宽度呈现较弱的半年变化特征，冬季比夏季大，夏季比春秋大。

北京上空钾层的季节变化特征与其他钾层激光雷达台站的观测结果相比具有较好的一致性。但不同的是，北京上空的钾原子浓度冬季异常大，而且大于夏季。这是之前没有报道过的。最后讨论了此现象可能与北京上空冬季突发钾层的频繁出现有关。

北京上空两年夜间平均的钾层柱密度为 $8.41 \times 10^7 \, \text{cm}^{-2}$，比 Eska 等观测的库隆斯博恩上空钾层柱密度（$4.4 \times 10^7 \, \text{cm}^{-2}$）大。最小的夜间平均柱密度是 2011 年 9 月 20 日晚上的 $1.43 \times 10^7 \, \text{cm}^{-2}$，与库隆斯博恩一年中最小的柱密度（$1.5 \times 10^7 \, \text{cm}^{-2}$）相差不大。然而最大的夜间平均柱密度是 2014 年 1 月 14 日晚上的 $2.51 \times 10^8 \, \text{cm}^{-2}$，这远远大于库隆斯博恩一年中最大的柱密度（$9.5 \times 10^7 \, \text{cm}^{-2}$）。北京上空钾层最大与最小的夜间平均柱密度之比达到了 17.5。让人感到意外的是有一些夜晚的平均柱密度均超过了 $1.5 \times 10^8 \, \text{cm}^{-2}$，特别是在 1 月份，这样大的钾层平均柱密度之前很少有人报道过。例如 2011 年 1 月 18 日，整晚的平均柱密度为 $2.51 \times 10^8 \, \text{cm}^{-2}$。如图 5.1 所示，钾层柱密度随时间先逐渐增加，后减小，而质心高度先降低，后升高。峰值密度则整晚都保持很大，超过了 $200 \, \text{cm}^{-3}$。这样整晚具有如此大的柱密度和峰值密度的钾层并不常见。

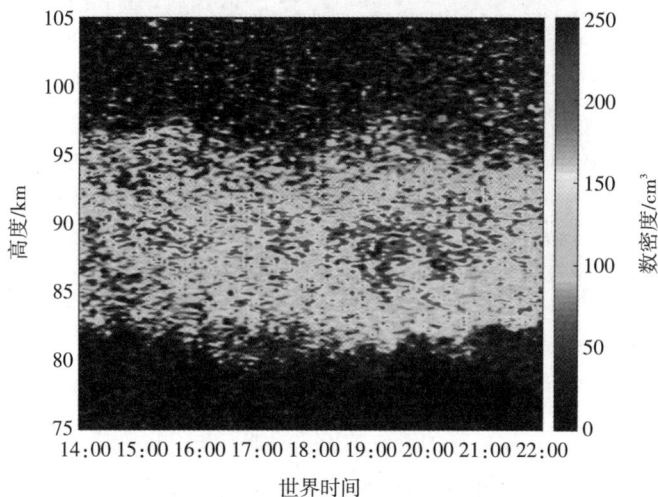

图 5.1　2011 年 1 月 18 日钾原子数密度演化图

由于钾层的观测数据具有不连续性，存在连续数天的数据空白，并且钾层的天变化剧烈，所以本书采用（Gardner et al.，2005；2011）中的方法，给出钾层的季节变化特征。

（1）在 75～105 km 的区域内在每一个高度上对钾层的天平均数据进行谐波拟合，其拟合公式为

$$y_K = A_0 + A_{12} \cos\left[\frac{2\pi}{365}\left(x_{day} - P_{12}\right)\right] + A_6 \cos\left[\frac{2\pi}{365/2}\left(x_{day} - P_6\right)\right] \tag{5.1}$$

其中等式左边 y_K 表示钾原子数密度，右边第一项 A_0 表示平均值，第二项表示年变化周期，第三项表示半年变化周期。A_{12} 和 A_6 分别表示年变化周期和半年变化周期的振幅。P_{12} 和 P_6 分别表示当年变化周期和半年变化周期达到最大时对应的天数。x_{day} 表示数据观测点所在一年中的天数。

（2）将钾原子数密度的观测值与谐波拟合值相减，再采用分辨率为1天、长度为91天的汉明窗对差值进行滤波。

（3）将滤波之后的差值加回到谐波拟合值中，即为在时间上连续变化的钾原子数密度。其结果显示在图5.2中。

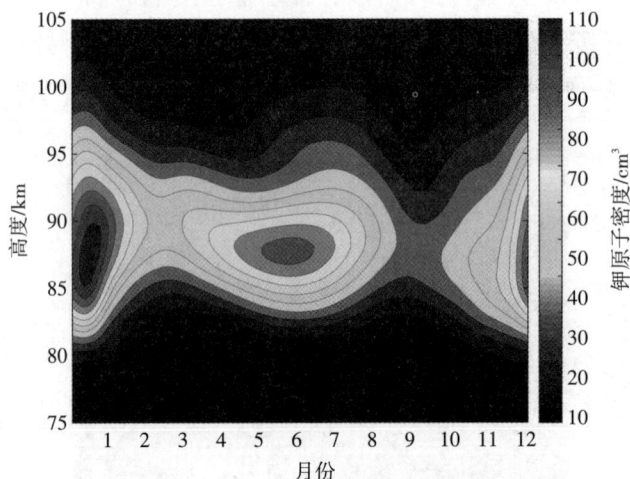

图5.2　北京上空钾层的季节变化特征

如图5.2所示，北京上空的钾层在冬季和夏季有两个极大值，在春季和秋季有两个极小值，具有非常明显的半年变化周期。钾层的季节变化特征与库隆斯博恩和阿雷西博天文台的观测结果基本一致。但不同的是，北京上空钾层的数密度最大值出现在1月，即冬季比夏季大，而其他地区则是夏季比冬季大。此外，在一整年变化周期内，两个极大值之间相隔五个半月，而在两个极小值之间相隔六个半月。这一特征在库隆斯博恩和阿雷西博天文台也同样被观测到。

5.2.2　钾层特征参数的季节变化特征

描述钾层特征的参数主要有柱密度 C_K，峰值密度 P_K，质心高度 H_K 和 RMS 宽度 W_K。柱密度 C_K 表征钾原子的总含量；峰值密度 P_K 表征最大的钾原子浓度；质心高度 H_K 表征钾层的高度；RMS 宽度 W_K 表征钾层的厚度。通过定义 m_i，来计算以上各参数。

$$m_i = \int_{z_0 - \Delta z_0/2}^{z_0 + \Delta z_0/2} z^i n_K(z) \mathrm{d}z \tag{5.2}$$

其中，z_0 为 90 km，Δz_0 为 30 km。则

$$C_K = m_0 \tag{5.3}$$

$$H_K = \frac{m_1}{m_0} \tag{5.4}$$

$$W_K = \sqrt{\frac{m_2}{m_0} - \left(\frac{m_1}{m_0}\right)^2} \tag{5.5}$$

通过以上公式计算钾层的各特征参数。

图 5.3 给出了每个观测夜晚的平均柱密度。图中可知，柱密度在冬季和夏季有两个峰值，春季和秋季有两个谷值，这与库隆斯博恩和阿雷西博天文台的观测结果类似。但差别较大的是北京上空钾层的柱密度在一月份非常大，甚至多个夜晚超过了 $1.5 \times 10^8 \ \mathrm{cm}^{-2}$，而且比库隆斯博恩和阿雷西博天文台同时期的

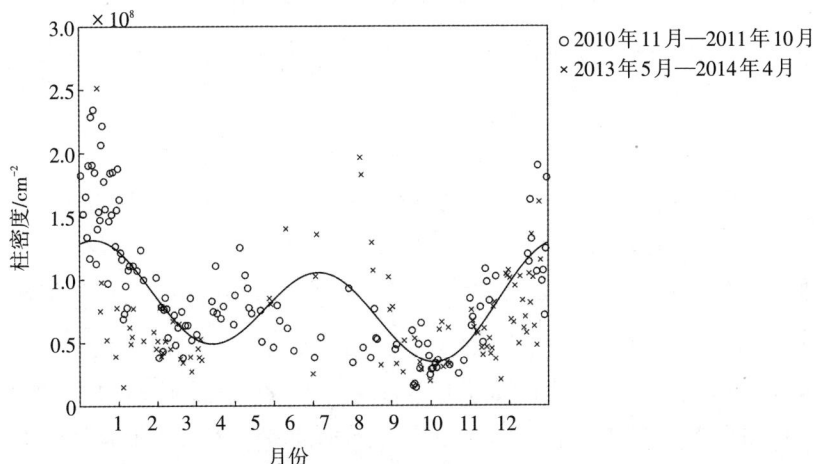

图5.3　钾层柱密度的季节变化特征

柱密度大两到三倍。此外，夏季的数据相对较少，分布比较零散，但也能够得出季节变化趋势。

图5.4给出了每个观测夜晚的平均峰值密度。两个周期夜间平均的峰值密度是80 cm^{-3}，大于库隆斯博恩的47 cm^{-3}。其中最小的峰值密度是2011年9月20日晚观测到的，仅有16 cm^{-3}，与库隆斯博恩最小的峰值密度（15 cm^{-3}）相差不大，而且处于相同的月份。从图中可知，钾层的峰值密度在冬季和夏季较大，冬季比夏季大；春季和秋季较小，秋季比春季小。峰值密度的季节变化特征与库隆斯博恩的观测结果类似。但让人感到意外的是有些夜晚的平均峰值密度超过了150 cm^{-3}，而库隆斯博恩的最大峰值密度只有132 cm^{-3}，这在之前很少有人报道过。

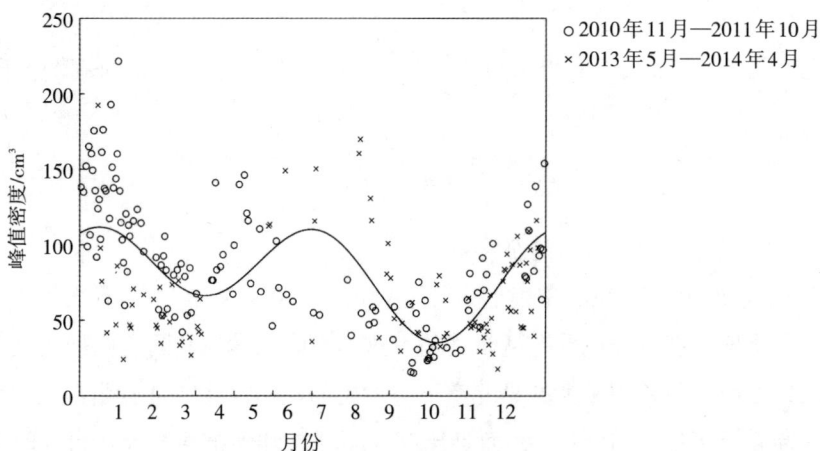

图5.4　钾层峰值密度的季节变化特征

北京上空钾层两年夜间平均的质心高度是89.7 km，比库隆斯博恩的低0.8 km，比阿雷西博天文台的低1.8 km。如图5.5所示，钾层的质心高度也具有明显的半年变化周期，春秋较大，冬夏较小。这与库隆斯博恩的观测结果比较一致。而阿雷西博天文台的观测结果显示钾层的质心高度没有明显的季节变化规律。钾层质心高度最低值出现在5月和12月，最高值出现在2月和8月。钾层平均的质心高度分别比春季和秋季低0.6 km和0.2 km，比夏季和冬季高0.6 km和0.3 km。

北京上空钾层两年夜间平均的RMS宽度是4.5 km，比库隆斯博恩的宽0.5 km，比阿雷西博天文台的窄0.9 km。图5.6显示钾层的RMS宽度具有弱的半年变化周期，冬夏大，春秋小。其中冬季的RMS宽度明显比夏季大，而春秋两

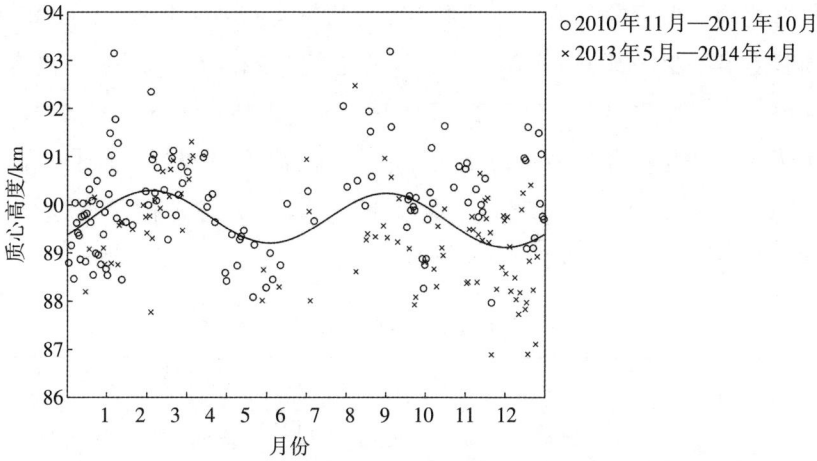

图5.5　钾层质心高度的季节变化特征

季的RMS宽度相差不大。北京上空钾层的RMS宽度季节变化特征与库隆斯博恩的略有不同，而与阿雷西博天文台的恰好相反。库隆斯博恩的观测结果是RMS宽度有年变化周期，并且是冬季大夏季小；而阿雷西博天文台的观测结果则是夏季比冬季大1 km。此外，两个不同周期内，RMS宽度的季节变化特征基本一致。

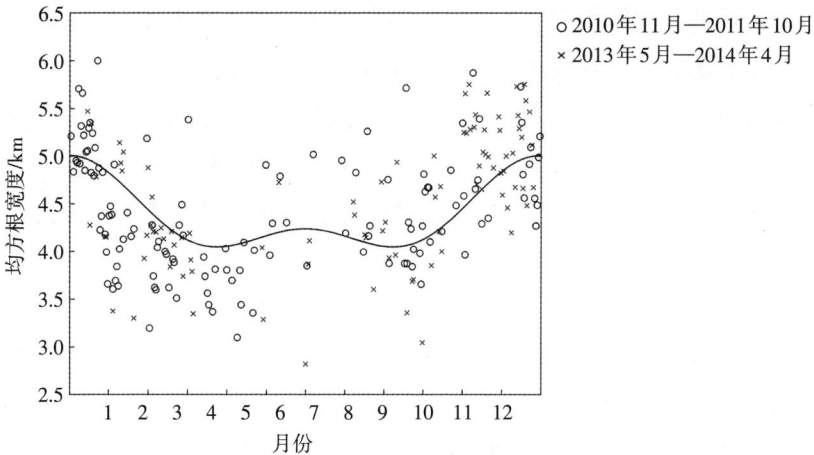

图5.6　钾层RMS宽度的季节变化特征

图5.3至图5.6中的曲线分别表示钾层的柱密度、峰值密度、质心高度和RMS宽度的谐波拟合结果。各特征参数的年变化和半年变化周期的振幅及最大振幅所在的月份均在表5.3中列出。柱密度和峰值密度的半年变化周期的振

幅是年变化周期振幅的两倍，并且半年变化的最大振幅均出现在6月和12月。质心高度的半年变化周期的振幅远大于年变化周期的振幅，因此质心高度具有非常明显的半年变化周期，且在2月和8月最大。RMS宽度的年变化周期的振幅略大于半年变化周期的振幅，且振幅最大时均出现在12月，而另一个半年变化周期的振幅最大值出现在6月，所以RMS宽度具有弱的半年变化周期，最大值发生在冬季，而在夏季达到第二个最大值。

表5.3　钾层特征参数的谐波拟合系数

	全年		半年	
	振幅	相位	振幅	相位
柱密度	1.49×10^7	1月	3.78×10^7	6月，12月
峰值密度	15.6	3月	29.6	6月，12月
质心高度	0.05	3月	0.55	2月，8月
均方根宽度	0.38	12月	0.25	6月，12月

可获得的钾层数据量及分布对于观测结果存在一定的影响。与1月和12月相比，不利的天气条件导致6月和7月的观测时间偏少以及观测天数分布不均匀。因此可能并不能够完整全面地展示出钾层在夏季的演化过程。只有通过积累更多的观测数据才能降低现有数据量和分布对观测结果的影响。

在两个连续的周期内，钾层的季节变化特征略有不同。第一个周期内，钾层冬季的柱密度和峰值密度非常大，比第二个周期内同时期的柱密度和峰值密度大很多。钾层这样的年际变化可能与处于不同的太阳活动周期有关。第一个周期，2010年11月—2011年10月，处于太阳极小年之后；而第二个周期，2013年5月—2014年4月，已经开始进入了太阳极大年。图5.7给出了两个不同观测周期内的月平均太阳黑子数。如图所示，第一个周期内冬季的太阳黑子数远小于第二个周期冬季的太阳黑子数。这可能是引起钾层年际变化的原因。但要弄清楚太阳活动对钾层的影响机制则需要更加深入的研究。

北京上空钾层的季节变化特征与其他激光雷达台站的报道结果基本一致，但不同的是，北京上空钾层的柱密度和峰值密度冬季比夏季大。Dawkins等利用Odin卫星搭载的光学摄谱仪和红外光谱仪成像系统测量的气辉数据中获得了几乎全球的钾层分布特征。其结果显示40°N的钾层柱密度在冬季比夏季大。这可以给本书的观测结果提供有力的支撑。此外，Plane等建立了一个钾层化学模型，可以很好地解释钾层密度在夏季极大的季节变化特征。但是却不能解释北京上空钾层冬季比夏季大的现象。若要更好地理解这个现象，则需要更多的研究。

Zhou等报道阿雷西博天文台上空的钾层在夏季比冬季有更多的突发钾层，这也是导致钾层密度夏季比冬季大的可能原因。然而，Jiao等却发现北京上空的突发钾层在冬季比夏季更多。而且有些突发钾层的强度很大，持续时间很长。此外，尽管突发钾层已经从数据中被剔除掉，但突发钾层消失后的钾层柱密度通常比突发钾层出现之前的钾层柱密度大。可以推测突发钾层中的钾原子并没有沉降到低层大气中，而是混合到主钾层中。因此，北京上空钾层柱密度冬季极大很可能与突发钾层的频繁出现有关。

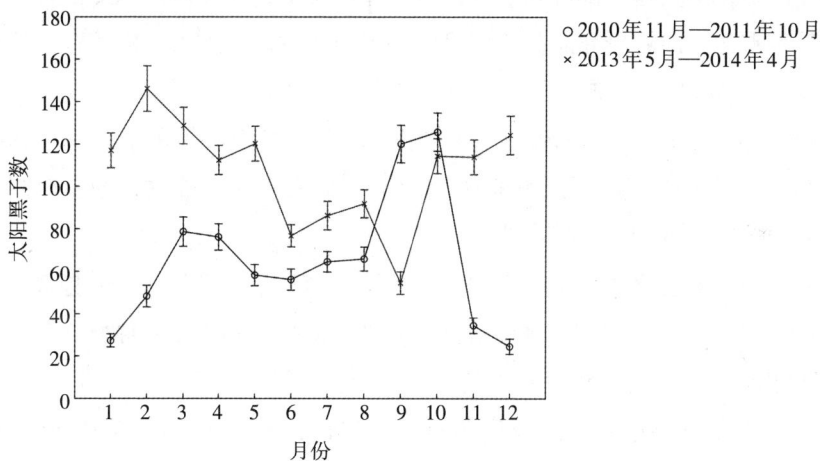

图5.7 不同观测周期内月平均的太阳黑子数

5.3 突发钾原子层

钾层突发与钠层突发的定义类似，也是参考Gong等（2002）的标准。钾层突发的定义如下：① 钾层突发峰值密度是同高度普通钾层峰值密度的三倍以上（强度因子≥3）；② 钾层突发峰值密度必须大于普通钾层峰值密度的1/2（因高度钾层突发的密度相对较低，本底钾层密度几乎为0，所以其强度因子较大）；③ 钾层突发的半高全宽必须小于 3 km；④ 一次钾层突发事件必须持续至少 15 min。钾层突发与钠层突发定义中不同的是第二点，因为钾层密度本身相对钠层密度就低很多，钠层突发选取的标准是 1/4。

大气中钠原子的浓度相对较高，且其后向散射截面也较大，对钠层的观测较容易，国际上大多数激光雷达也均以钠原子作为示踪物开展对 80 ~ 110 km 大气高度的探测。然而，近年来人们对钾原子、钙原子、钙离子和铁等金属层的探测表明，这些金属层与钠层有着不同的特性。如若对钠层和钾层同时同地探测，将非常有利于研究者了解中间层顶及低热层区域的动力及光化学等复杂现象，为大气科学研究和空间天气预报提供有力的证据和可靠的手段。

首次发现在 MLT 区域存在金属钾原子是在 1964 年，Sullivan 和 Hunten 等（1973，1977）用气辉仪探测到钾原子的存在。Felix 等（1973）和 Megie 等首次开展了基于激光雷达的钾层观测研究。Hoffner 等和 Papen 等（1995）报道了一种分辨率和探测精度都可和钠激光雷达相比拟的，用于风温探测的钾多普勒荧光激光雷达。前者研究团队利用该技术报道了中层顶的大气温度；当流星尾迹漂移经过激光雷达观测上空时，中层大气钾原子密度相对低反而使探测到钾原子更容易（Gerding，1999）；Eska 等研究了 54°N 钾层的季节变化（1998）；随后 Eska 等（1999）将同样的系统应用于船载激光雷达探测，用于探测钾层密度和中层顶温度的纬度变化特征。

钾层的季节变化特征不同于钠层，钾层柱密度呈现半年变化的趋势，在夏季和冬季最大，在春秋分点最小。在中纬度地区，钾层密度的季节变化不明显；而相比之下，钠层密度有明显的季节变化，其密度在冬季是夏季的三倍。因此，在中纬度地区，钠钾密度比 Na/K 在冬季约为 50，在夏季约为 10（Marsh，2014；Megie，1978；Eska，1999）。

如图 5.8 所示，Dawkins（2014）等利用空基荧光气辉观测，首次描述了近乎全球的钾层特征分布。除去大部分高纬度地区，几乎全球各个纬度的钾层密度都呈现类似的半年变化；70 % 的高纬度地区的钾层在夏季几乎被消耗殆尽，可能是由于中层大气极光云的搬运作用（Raizada，2007）。高纬度的钠层密度在夏季是极小值，夏季与冬季的比值接近 1∶10。相比钠层，钾层的半年变化趋势没有明显的纬度差异。

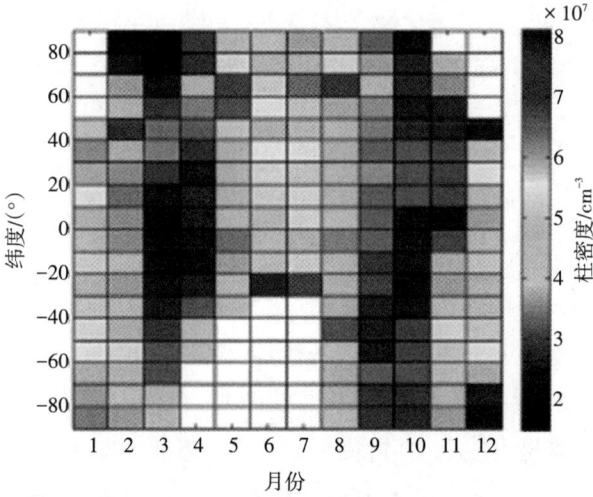

（a）钾层密度季节分布

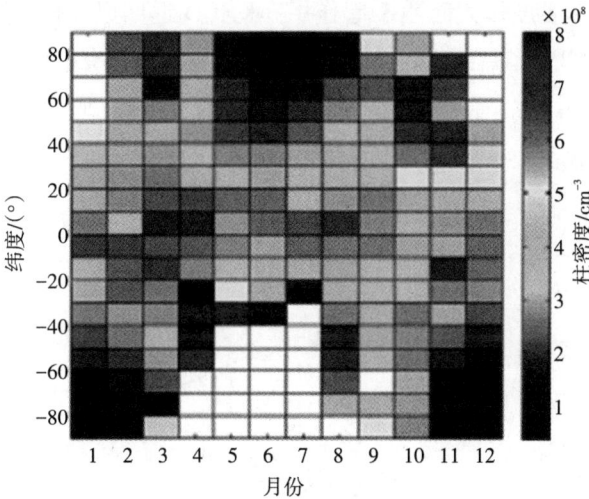

（b）钠层密度季节分布

图5.8　全球钾层和钠层密度的季节分布（Plane et al.，2014）

　　钾层模型（Plane et al.，2014）：在90 km以上观测到钾离子，MLT中的钾原子通过光化反应和与周围离子反应带电生成钾离子（Eska et al.，1999；Kopp，1997）。图5.9展示了MLT区域包含钾离子和钾原子的化学反应过程。钾离子与配基形成离子团，这些离子团中的配基与大气成分交换形成更稳定的离子团，这些稳定和更稳定的离子团再与电子中和形成钾原子：

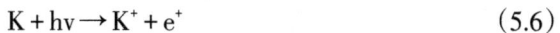

$$K + h\nu \rightarrow K^+ + e^+ \tag{5.6}$$

$$K + NO^- \rightarrow K^+ + NO \tag{5.7}$$

$$K + O_2^+ \text{——} \rightarrow K^+ + O_2 \tag{5.8}$$

$$K^+ + X(+M) \rightleftharpoons K^+ \cdot X \tag{5.9}$$

$$K^+ \cdot X + Y \rightarrow K^+ \cdot Y + X \tag{5.10}$$

$$K^+ \cdot (X \text{ or } Y) + e^- \rightarrow K + X \text{ or } Y \tag{5.11}$$

相对 Na^+，K^+ 是一种相对较大的单带电离子，在能量小于 20 kJ mol^{-1} 时能与配基形成很弱的离子团。因此在 MLT 区域夏季温度极低时，反应式（4.4）～式（4.6）就尤其重要。对于钠，最重要的储集层是 $NaHCO_3$，$NaHCO_3$ 与 H 反应或者通过光化作用能再次生成 Na 原子，$NaHCO_3 + H \rightarrow Na + H_2CO_3$ 这个反应需要约 10 kJ mol^{-1} 的能量（Cox and Plane，1998），因此在夏季这个反应就变得很慢，钠原子含量就少，就对应有观测结果上的钠层柱密度在夏季极小，而冬季反应快就出现柱密度极大值(Plane，2005)。而 $KHCO_3 + H$ 的反应需要的能量很高，即使在冬季温度极大时也不起作用。$KHCO_3$ 返回成 K 只能通过光化反应，这是受温度控制的。O 在两分点有极小值，而 H_2 和 CO_2 有极大值，这就加速了 K 生成 $KHCO_3$ 的过程，K 含量就少，这就解释了为什么观测结果上显示 K 密度在春秋分时极小。

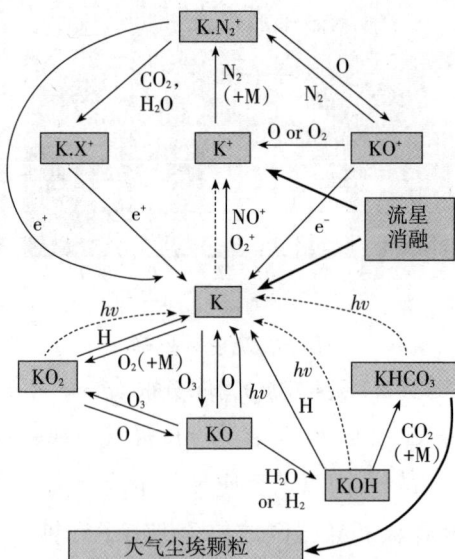

图5.9 钾层化学反应过程（Plane et al.，2014）

目前关于钾层突发（Ks）的报道很少，因为钾层密度相对钠层密度低约两个量级。Delgado（2012）发现了两个钾层突发事件，在相应的 Ca^+ 图上，也发现了Ca⁺突发事件。Raizada等（2004）在凌晨流星雨发生时发现了K和Ca密度同时都有突然增加。

基于前人很少的钾层突发的观测报道以及钾层和钠层存在差异的报道，本书做了如下工作：

基于北京延庆激光雷达的数据，本书首次对钾层突发的特性做了详尽的分析报道，包括钾层突发的出现高度、半高全宽、强度因子、持续时间、出现率夜间变化、出现率季节变化等；讨论了钾层突发与偶发E层的相关性；讨论了钾层突发与大气温度的关系；将这些钾层特性与钠层突发特性做了对比；并对这些差异做了可能性的机制讨论。观测数据时间范围是2010年11月—2011年10月和2013年5月—2014年4月，总共有209个有效观测夜，有效观测时长约2000 h，共发现有58个钾层突发事件，平均出现率2.9 %（一次事件/35小时）。

5.3.1 钾层突发的一般报道

图5.10是2011年8月19—20日这天夜间钠层和钾层密度随时间和高度的演化图及其各自突发事件的峰值密度达到最大时对应的廓线图。钾层的时间分辨率是6 min，高度分辨率是200 m（因钾层信噪比相对钠层小很多，故对其做了五点平滑处理），如图5.10（a）所示，这天实际有效观测时间是从2011年8月19日的20：30 LT—20日的04：30 LT。钾层突发持续时间从20：30 LT到00：30 LT，这个事件峰值密度达到最大的时间为23：16 LT，如图5.10（b）所示，钾层突发峰值密度最大约150 cm⁻³，对应峰值高度约98 km。2011年8月19—20日这

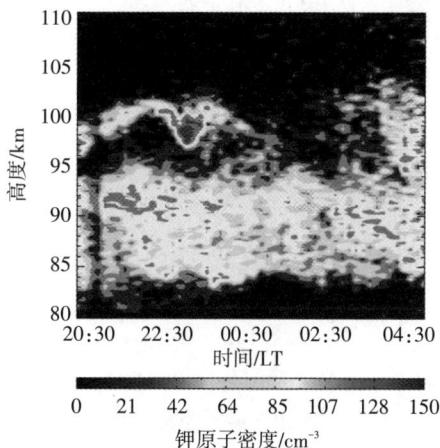

钾原子密度/cm⁻³

（a）K 2011–08–19

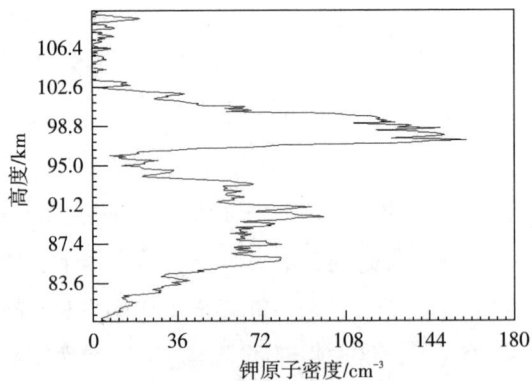

（b）K profile at 23:16 LT

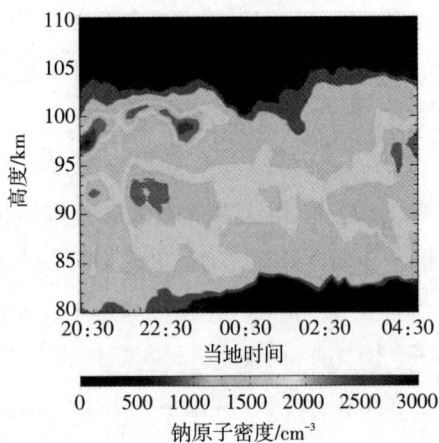

（c）Na 2011-8-19

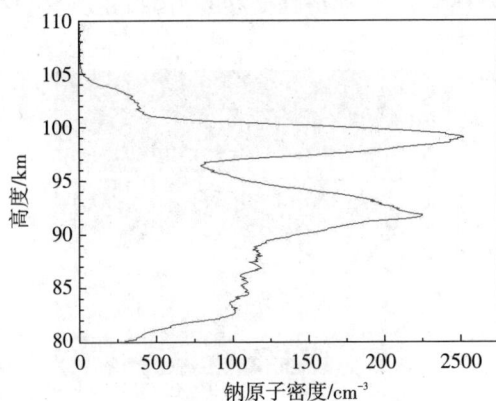

（d）Na profile at 20:51 LT

图5.10 突发钾层示例

天夜间钠层密度的时间演化图如图5.10（c）所示，时间分辨率是3 min，高度分辨率是96 m，这天实际有效观测时间也是从2011年8月19日的20∶30 LT—20日的04∶30 LT。钠层突发的持续时间和出现高度与钾层突发的一致。但是其峰值密度最大时对应的时间为20∶51 LT，比钾层突发事件提前约两小时，如图5.10（d）所示，最大峰值密度约2500 cm^{-3}，对应高度约98 km。

图5.11给出了58个钾层突发事件的主要参数（峰值高度、半高全宽、强度因子、持续时间）的分布。从图5.11（a）可以看出，这些钾层突发事件一般都分布在82～104 km高度，平均高度约93.1 km。从图5.11（b）可以看出，钾层突发的半高全宽在0.2～2.8 km范围内，平均值约0.9 km。从图5.11（c）可以看出，大部分钾层突发的强度因子在4～18范围内，平均值约6.5。图5.11（d）是钾层突发持续时间的分布，这里的结果排除了那些过程不完整的钾层突发事件。我们可以看出，钾层突发的持续时间均在1～3 h。

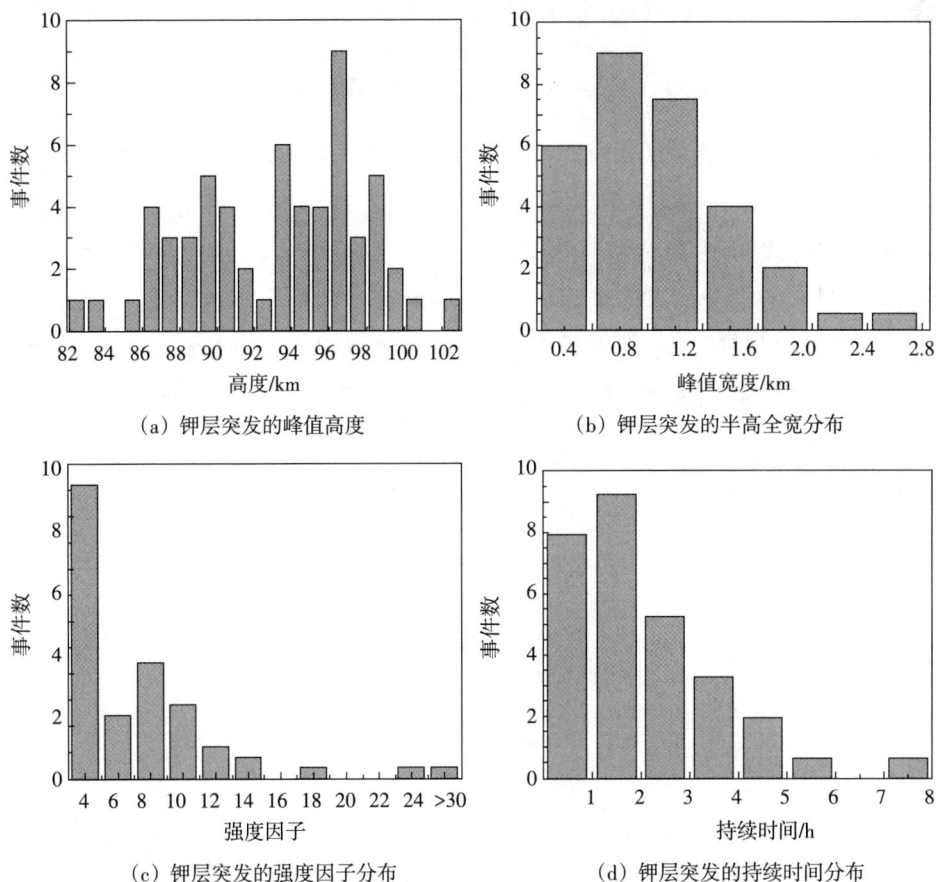

（a）钾层突发的峰值高度   （b）钾层突发的半高全宽分布

（c）钾层突发的强度因子分布   （d）钾层突发的持续时间分布

图5.11 突发钾层参数设计

图5.12是钾层突发在各个时间段的出现频率分布，由各自时间段内钾层突发的个数比各自时间段内的总观测小时数得到；虚线直方图代表各个时间段内的总的观测小时数。从图5.12中可以看出，钾层突发出现频率最大值出现在19:00 LT和23:00 LT，出现率分别是7%和6.9 %；最小值出现在01:00 LT，出现率为0%。

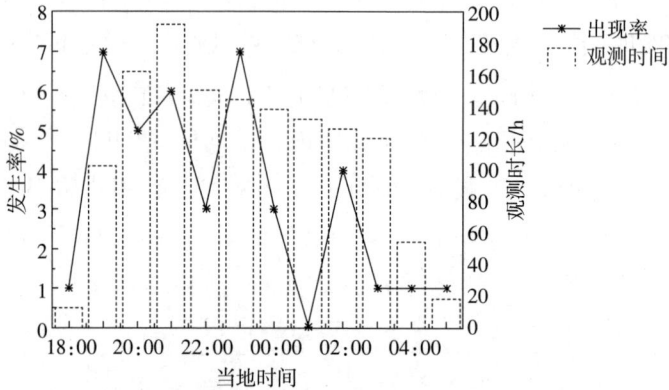

图5.12　钾层突发出现率和观测时间的夜间分布

图5.13是钾层突发消逝时间和生成时间比的频率分布图。一个钾层突发的生成时间（R）的定义是：从第一个钾层有突发现象出现的廓线图开始，到钾层突发的峰值密度达到最大，这段时间被定义为生成时间。一个钾层突发的消逝时间（F）的定义是：从钾层突发的峰值密度达到最大开始到最后一个仍能辨别出钾层突发现象存在的廓线图，这段时间被定义为消逝时间。从图5.13中可以看出，大部分F/R的值小于或者等于1，说明大部分钾层突发事件生成

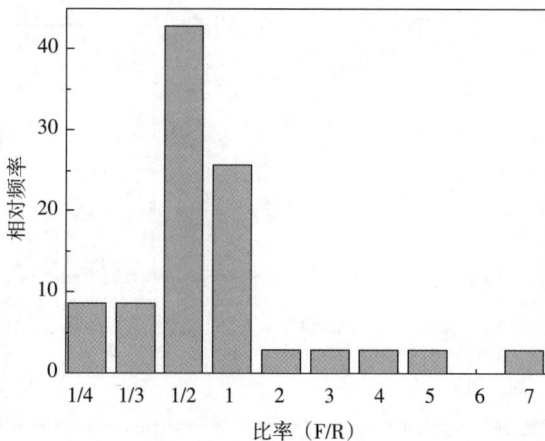

图5.13　钾层突发消逝时间与生成时间比值的频率分布图

慢，消逝较快。本书的统计结果也表明钾层突发的平均生成时间要多于消逝时间：钾层突发的生成时间从 6 min 到 8 h 不等，平均时间约 35.5 min；钾层突发的消逝时间从 6 min 到 3 h 不等，平均时间约 29 min。

图 5.14 是钾层突发峰值高度运动轨迹的分布图，正值代表钾层突发峰值高度的上传速率，负值代表钾层突发峰值高度的下传速率。当速率值在 ± 0.5 km/h 范围内时，速率值被认为是 0，即钾层突发峰值高度不随时间变化，在这种情形下，钾层突发层被认为是"稳定的"。对所有观测到的 58 个钾层突发事件：其中有 17 个事件是随时间稳定的；24 个事件表现出下传运动趋势，平均速率为 –1.85 km/h；9 个事件表现出上传运动趋势，平均速率为 1.65 km/h。

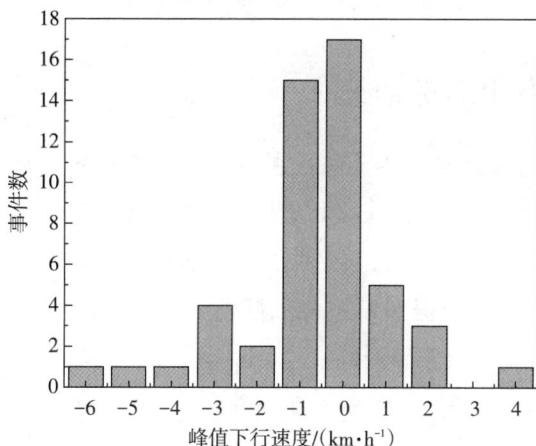

图 5.14　钾层突发峰值高度的下传速度分布

观测数据时间范围是 2010 年 11 月—2011 年 10 和 2013 年 5 月—2014 年 4 月，总共有 209 个有效观测夜，有效观测时长约 2000 h，共发现有 58 个钾层突发事件，平均出现率 2.9%（一次事件/35 小时）。图 5.15 表示的是钾层突发出现频率的季节变化，其中圆圈代表钾层突发在各个季节的出现率，十字代表在各个季节钾层的有效观测时间。可以看出钾层突发出现率的季节变化趋势不是很平滑。钾层突发出现率最大值在 6 月，次大值在 1 月。需要指出的是钾层在六月份的总观测时间少，但这足够达到样本需求。1 月份的总观测时间约 250 h，样本足够多，钾层突发出现率在 1 月份很高实在是一个很奇特的现象，需要研究者做更多的理论分析去解释它。钾层突发出现率最小值出现在 10 月份。

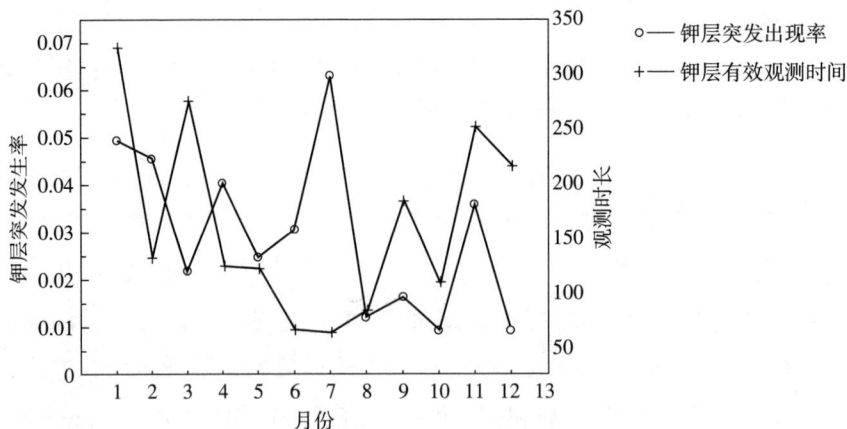

图5.15　钾层突发出现频率的季节变化

5.3.2　钾层突发和Es的相关性

通常认为，钠层突发与Es有很大的相关性。钾原子与钠原子一样，同样是碱金属原子，本书推断钾层突发可能也与偶发E层有一定的相关性。

为了研究钾层突发与Es的相关性，本书选取了位于北京市昌平区的数字测高仪的观测数据，用于得到Es的相关信息。

数字测高仪简介：这台测高仪属于子午工程，型号为DPS-4。本书选用了2010年5月1日—2012年4月30日这段时间的数字测高仪数据。

Es的出现率的季节变化如图5.16所示，Es出现率的最大值在6月份，Es在夏季月份的出现率相对比其他月份都要高，在2月份钾层突发出现率最低。这一季节变

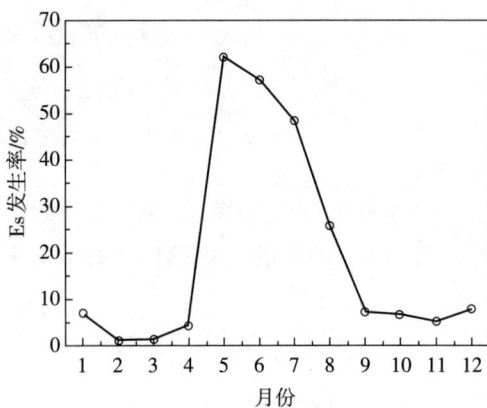

图5.16　Es出现率的季节变化

化趋势明显不同于钾层突发的季节变化趋势。钾层突发除在7月份出现率较高外，在1月份的出现率也很高。

本书也对同时出现的钾层突发和Es做了统计分析。因为数字测高仪观测数据量的限制，在所有58个钾层突发事件中，只有21个钾层突发事件对应有

数字测高仪数据。在这21个钾层突发事件中，又有15个对应有偶发E层事件。本书对这15个一一对应钾层突发事件和15个Es事件的发生时间的时间差做了统计分析，如图5.17所示。时间差代表钾层突发事件的峰值密度达到最大值对应的时间与Es事件的高度达到最低时对应的时间之差。这样定义是因为，理论上一般当Es随时间递进，发生高度越来越低，这时对应有金属层突发的峰值密度越来越大。图5.17中负值代表Es到达高度最低的时间超前于钾层突发事件峰值密度达到最大的时间，正

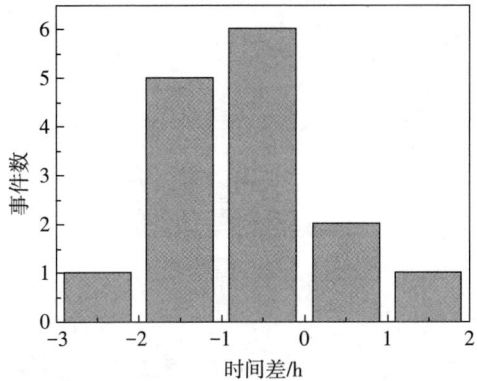

图5.17 钾层突发与Es的时间差分布

值则代表与之相反。从图5.17中可以看出，这15个相对应的Es事件分布在−3到−2之间的比例最小，平均都分布在−1到0之间。这说明这15个一一对应的例子中，大部分Es事件都超前于钾层突发事件发生，且超前的时间大部分都不超过1小时。

钾层突发与Es的季节变化相关性不显著，但是一一对应分析的结果显示出两者之间很显著的相关性。本书认为Es层中的离子中性化机制是钾层突发的一个可能形成机制：在一个有金属钾离子存在的Es中，随着时间推移，这个Es相位下传，其中的金属钾离子被逐渐中性化为金属钾原子。

Es出现高度的平均季节变化如图5.18所示。Es的平均高度在冬季和夏季比在春季和秋季低。Es层虽然在冬季出现率低，但这些少量的Es层大部分出现在100~110 km高度，这一高度出现的Es层有利于Ks的形成。也就是说，在冬季，Es的出现高度低，使得钾离子处在合适的离子中性化化学反应的高度，更容易中性化为钾原子。这可能是钾层突发在冬季某些月份特别是1月份出现率较高的原因。

假设流星体是Es层和Nas共同的源，受风剪切理论激发的与大气波动相关的洛伦兹力驱使，Es层中汇聚电子和离子，随后随着潮汐和大气波动的相位下传，使得Es层中的离子中性化为钠原子。这是Dou等（2010）在Cox等的离子中性化理论基础上提出的"流星体-Es-Nas"理论。

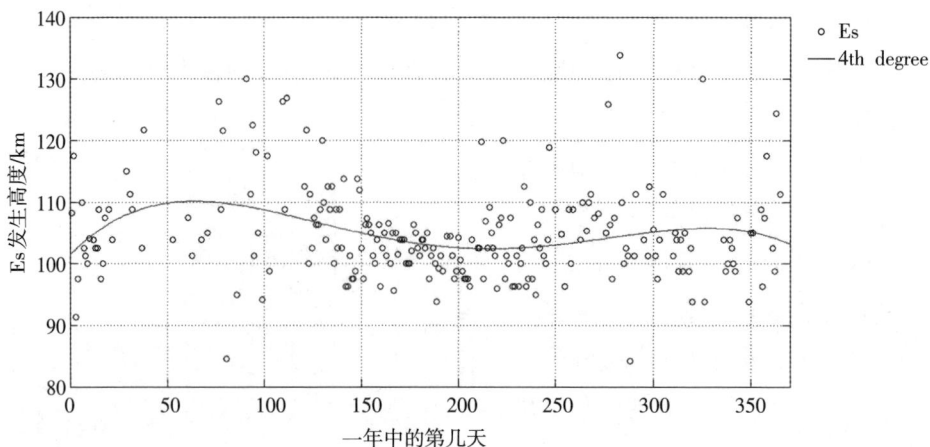

图5.18 Es平均高度的季节变化

5.3.3 钾层突发与温度的相关性

本书大气温度数据从SABER-TIMED卫星数据获取，垂直高度分辨为2 km，误差温度为2 k。在这58个钾层突发事件发生的时间段内，只发现有5天的卫星数据能与之对应。这时卫星的纬度范围在38~42°N，经度范围在110~122°E，接近北京市延庆县激光雷达站上空的经纬度。本书对比分析了这5天的钾层突发现象和相应的大气温度结构，发现5天中有4天，在钾层突发出现的高度对应有大气温度的峰值。这几个钾层突发均出现在85~95 km高度范围，钾层突发的高度越低，对应的温度反转就越明显。例如图5.19（b）所示，是2013年11月16日—17日这天夜间的钾层突发结构，图5.19（a）是这天夜间特定时间的大气温度结构。在02：31：52 LT，大气温度结构在80~90 km高度出现了反转层（50 K），在90 km有一个温度的峰值，约232 K。在这天夜间的钾层突发廓线图上，可以看到在02：31：52 LT这一时刻附近，在约88 km的高度有明显的钾层突发现象出现。其他3天两种参数相对比的结果也是如此，钾层突发出现的时间段有温度反转层出现。

钾层突发和大气温度相关的结果，为进一步探究钾层突发的形成机制提供了观测依据：大气温度突然增加，热力驱动有可能释放钠原子。Zhou等（1995）的增温理论认为，在特定空间环境比如温度梯度迅速递减的情况下，大气重力波会饱和至破碎，这一破碎过程释放能量加热周围大气，如若周围环境中有含钠物质，这一加热过程会激发含钠物质释放出钠原子，因破碎后的重力波产生的新波包一般尺度较小，因而释放出的钠原子也会集中在一小范围内，从而形成我们观测到的钠层突发现象。中间层高度的尘埃粒子大部分位于 78~90 km（Lynch et al., 2005）。这四个钾层突发均出现在 85~95 km 高度范围，钾层突发的高度越低，对应的温度反转就越明显。当温度突然增加时，钾原子就有可能从尘埃粒子中释放出来。正常钾层的密度很低，这种突然释放的大量钾原子就会使钾层密度廓线图上突然长出一个包，也就形成了激光雷达密度廓线图上看到的钾层突发现象。这一与温度相关的结果为 95 km 以下高度出现的较低高度的 Ks 事件的形成机制提供了观测依据。

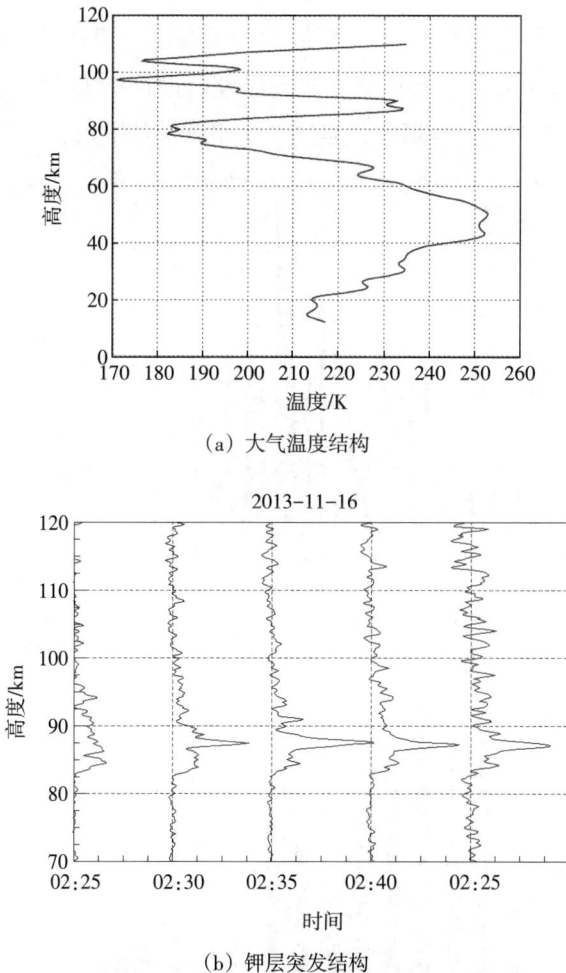

（a）大气温度结构

（b）钾层突发结构

图 5.19　突发钾层与温度同时观测示例

5.3.4　钾层突发与钠层突发的异同

本书选取钠钾同时有观测数据的时间段，共发现有58个钾层突发，117个钠层突发事件。Ks出现率为35小时/一次事件，Nas出现率为17小时/一次事件。Eska（1999）等发现K和Na的比例在中低纬度大气中约为1%，远低于其在流星体或宇宙尘埃中的比例（8%或6%），他们认为钾原子不如钠原子从流星物质中释放得容易，这可能是Ks出现率比Nas出现率低的原因之一。

从图5.20（a）可以看出，钾层突发的峰值高度集中在82~104 km，钠层突发的峰值高度集中在80~100 km；钾层突发峰值高度平均值为93.1 km，钠层突发峰值高度平均值为95 km，钾层突发峰值高度一般比钠层突发低约2 km。从图5.20（b）可以看出，钾层突发半高全宽普遍比钠层突发窄，钾层突发半高全宽平均值为0.9 km，钠层突发半高全宽平均值约1.7 km。从图5.20（c）可

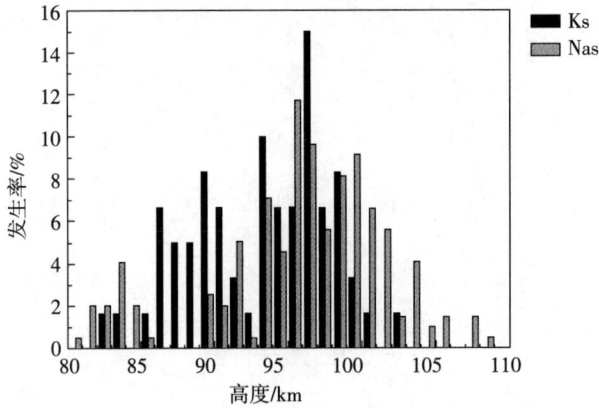

（a）

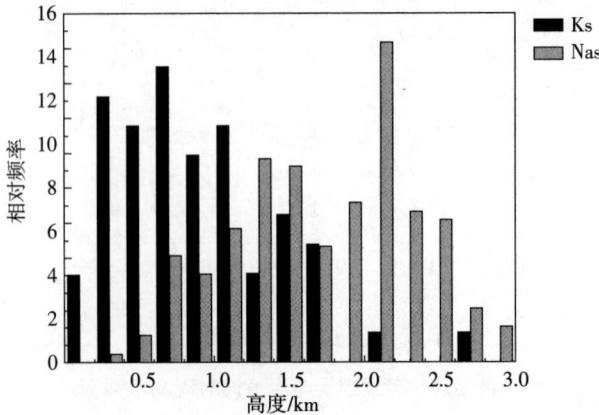

（b）

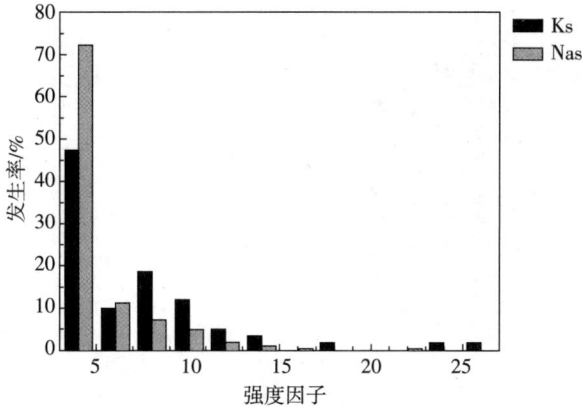

（c）

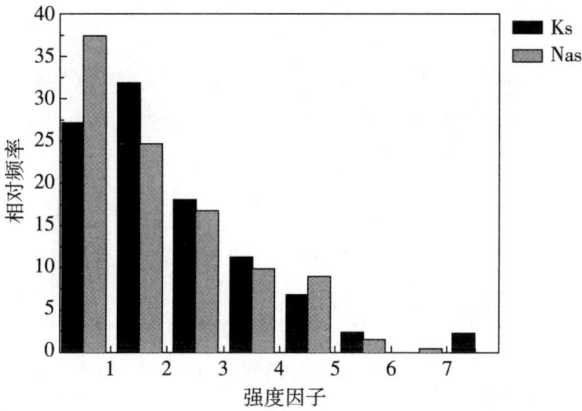

（d）

图5.20 钾层突发和钠层突发的峰值高度，峰值宽度，强度因子，持续时间的频率分布图

以看出，钾层突发强度因子普遍比钠层突发高，钾层突发强度因子均值为6.5，钠层突发强度因子均值为5.4。从图5.20（d）可以看出，钾层突发和钠层突发的持续时间分布趋势类似。

钾层突发峰值密度平均值约300 cm^{-3}，钠层突发峰值密度平均值约5000 cm^{-3}。通常钾层密度要比钠层密度小至少一个量级。但是从图5.21（a）中可以看出有两个钾层突发的峰值密度很大（>1000 cm^{-3}），可以与钠层的密度大小相比拟。

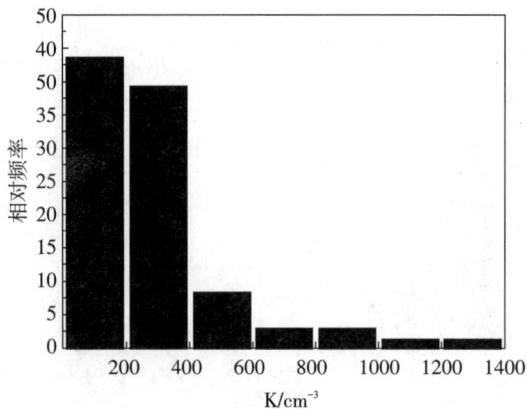

（a）钾层

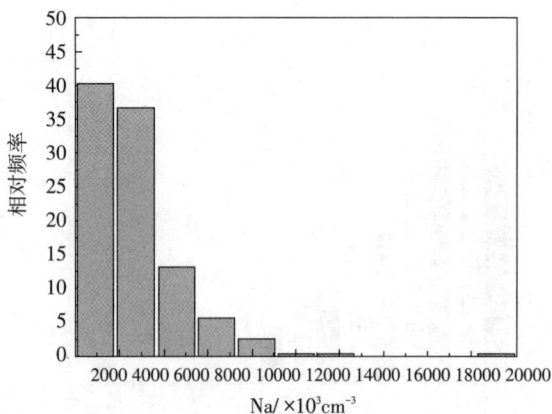

（b）钠层

图5.21　钾层突发的峰值密度的频率分布图和钠层突发的峰值密度的频率分布图

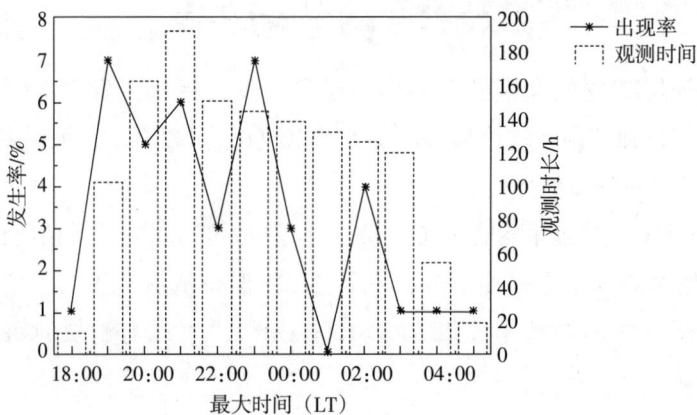

（a）钾层

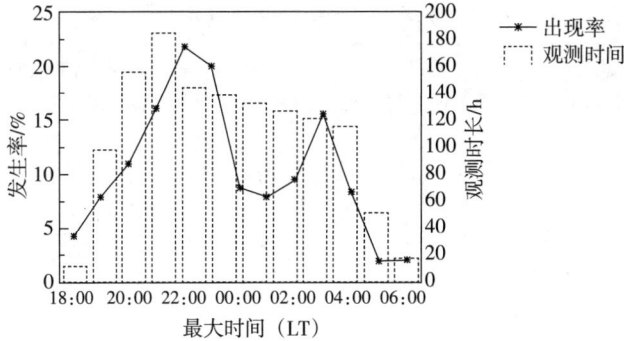

（b）钠层

**图5.22　钾层突发出现率和观测时间的夜间分布和
钠层突发出现率和观测时间的夜间分布**

从图5.22（b）可以看出，钠层突发出现率出现两个峰值：一个在22:00 LT出现极大值，在03:00 LT出现次极大值。但是图5.22显示，钾层突发不呈现这样的变化趋势，钾层突发的极大值分别出现在19:00 LT和23:00 LT。

从图5.23和表5.3可以看出钠层突发出现率呈现明显的季节变化，极大值出现在5—6月份，次极大值出现在7—8月份，极小值出现在1—2月份。而钾层突发的极大值出现在1—2月份，极小值出现在9-10月份。值得注意的是，一般在各个月份钠层突发的出现率都比钾层突发的大；而1—2月份，钾层突发的出现率（4.9%）明显比钠层突发的（1.5%）高很多。

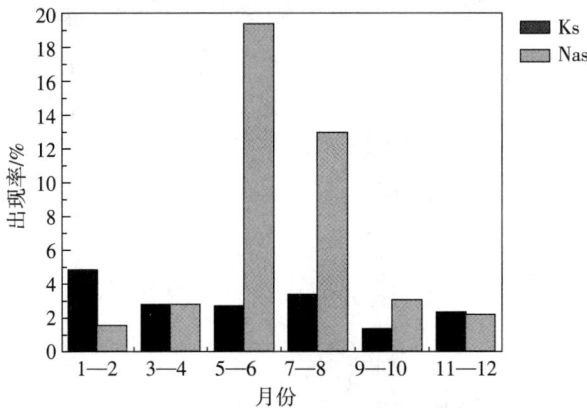

图5.23　钾层突发和钠层突发的季节变化

表5.4 钾层突发和钠层突发的季节变化

月份	北京突发钾层发生率/%	北京突发钠层发生率/%	合肥突发钠层发生率/%	东京突发钠层发生率/%	北京钠,钾激光雷达观测时长/h	合肥钠激光雷达观测时长/h	东京钠激光雷达观测时长/h
1月	5.0	0.9	5.7	1.9	323.8	69.9	113.4
2月	4.5	2.8	10.6	6.5	131.7	46.9	91.3
3月	2.2	2.4	9.3	9.2	274.8	117.8	50.9
4月	4.0	2.9	4.5	6.6	123.8	44.4	93.3
5月	2.5	14.1	6.8	16.3	121.8	43.8	64.5
6月	3.1	30.9	15.6	18.1	65.4	38.6	25.0
7月	6.3	16.9	19.2	22.0	63.3	21.0	20.9
8月	1.2	11.0	9.1	11.1	83.8	76.3	113.8
9月	1.6	3.8	8.1	0.0	183.9	24.7	32.5
10月	0.9	2.3	4.8	0.0	109.1	82.1	126.7
11月	3.6	3.1	3.0	4.5	251.3	166.0	80.5
12月	0.9	1.4	6.5	3.5	215.6	168.0	165.1
合计	2.9	5.9	7.0	6.2	1948.5	899.4	977.8

从图5.24（a）中可以看出，大部分钾层突发的F/R的值小于或者等于1，说明大部分钾层突发事件生成慢，消逝较快。本书的统计结果也表明钾层突发的平均生成时间要多于消逝时间：钾层突发的生成时间从6 min到8 h不等，平均时间约35.5 min；钾层突发的消逝时间从6 min到3 h不等，平均时间约29 min。

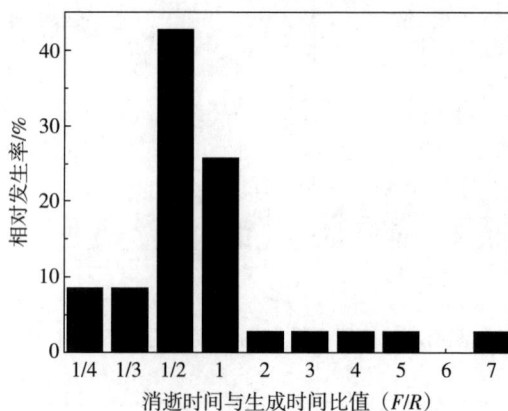

（a）钾层

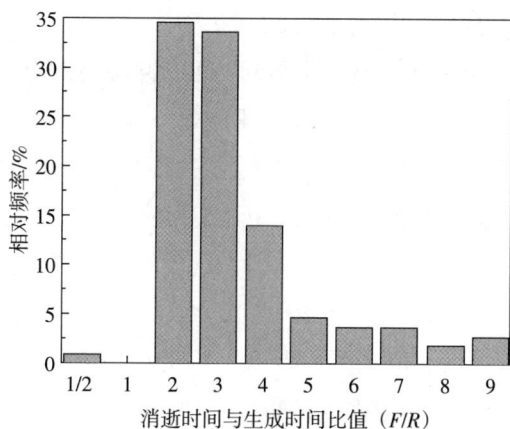

（b）钠层

图5.24　钾层突发消逝时间与生成时间比值的频率分布图钠层突发消逝时间与生成时间比值的频率分布图

从图5.24（b）中可以看出，大部分钠层突发的F/R的值大于1，说明大部分钠层突发事件生成快，消逝慢。我们的统计结果也表明钠层突发的平均生成时间要少于消逝时间：钠层突发的生成时间从3 min到4 h不等，平均时间约45 min；钠层突发的消逝时间从15 min到5 h不等，平均时间约95 min。因此，钾层突发的情况正好与钠层突发的相反。

大部分情况，对钠层和钾层同时观测，这两种金属原子层的演化过程是不同的。本书将共同观测时间内出现的钾层突发和钠层突发的情况归结为如下三种情形：① 钠层突发和钾层突发同时出现（各自的强度因子都大于等于3）；② 钠层突发出现（强度因子大于等于3）而钾层突发不出现或突发现象不明显（强度因子小于3）；② 钾层突发出现（强度因子大于等于3）而钠层突发不出现或突发现象不明显（强度因子小于3）。基于本书的观测数据，有32对对应情形①，有92对对应情形②，有26对对应情形③。对于这三种情形，本书各自举了一个典型的例子进行描述。

如图5.25所示，2011年8月19日这天夜间，钾层突发和钠层突发同时出现，这是情形①的一个典型例子。钾层和钠层的时间分辨率都是10 min；钾层的高度分辨率是200 m，钠层的高度分辨率是96 m。钾层的信噪比较差，因此对钾层数据在高度上做了五点平滑。钾层突发和钠层突发几乎同时出现同时结束，从20：30 LT开始，到00：30 LT结束，总持续时间约4 h。但是，钾层突发在23：16 LT峰值密度才达到最大值；而钠层突发峰值密度在20：51 LT就达到了最大值，比钾层突发超前了约 2 h。

如图 5.26 所示，2011 年 5 月 1 日这天夜间，钾层突发有出现，但远没有达到钾层突发的判断标准，钠层突发出现很明显，这是情形②的一个典型例子。钾层和钠层的时间分辨率都是 6 min；钾层的高度分辨率是 200 m，钠层的高度分辨率是 96 m。钾层的信噪比较差，因此对钾层数据在高度上做了五点平滑。这天的时间分辨率选用 6 min，是因为这天的突发事件持续时间短，时间分辨率低会削弱突发现象。如图 5.26（b），钠层突发在 19：30 LT 开始，到 20：42 LT 峰值密度达到最大。但是图 5.26（a）中的钠层上，相同的时间和高度段内，就没有显示出明显的钠层密度突发。

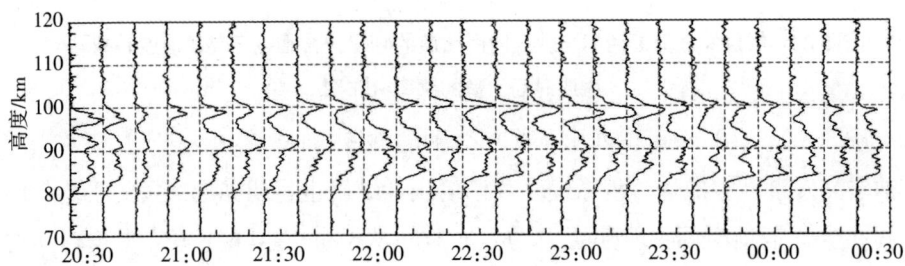

（a）钾层

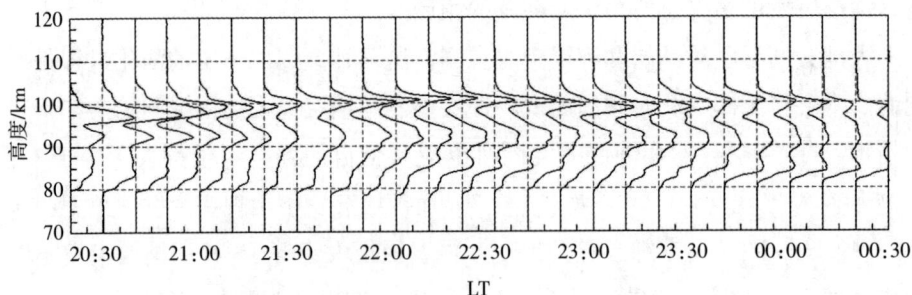

（b）钠层

图 5.25　2011 年 8 月 19 日钾层时间高度廓线图和钠层时间高度廓线图

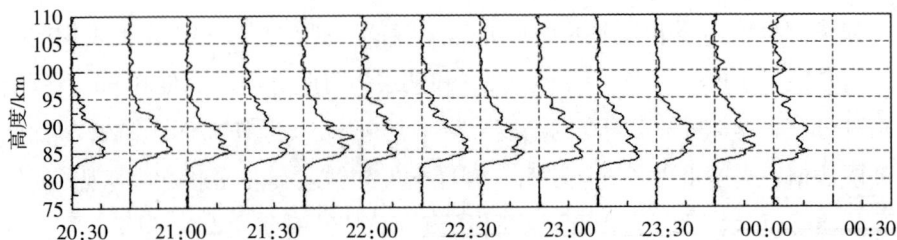

（a）钾层

（b）钠层

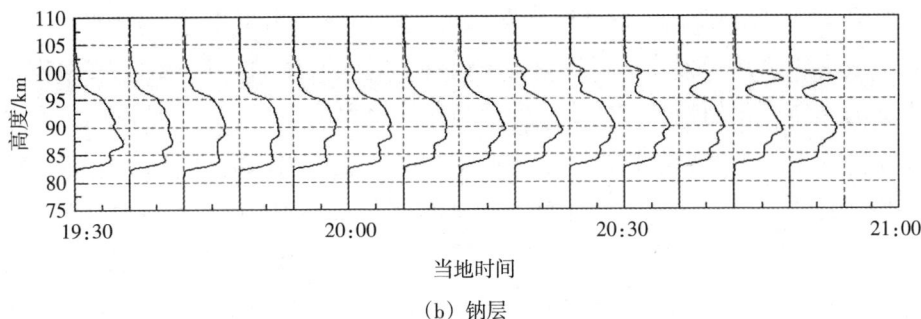

图5.26 2011年5月1日钾层时间高度廓线图和钠层时间高度廓线图

如图 5.27 所示，2011 年 1 月 15 日这天夜间，钠层突发有出现，但远没有达到钠层突发的判断标准，钾层突发出现很明显，这是情形③的一个典型例子。钾层和钠层的时间分辨率都是 10 min；钾层的高度分辨率是 200 m，钠层的高度分辨率是 96 m。钾层的信噪比较差，因此对钾层数据在高度上做了五点平滑。如图 5.27（a），钾层突发在 22:00 LT 开始，到 00:30 LT 峰值密度达到最大，最大值为 358.6 cm^{-3}，其强度因子约 5.2，这个事件在 02:30 LT 完全消失，总持续时间为 4.5 h。但是图 5.27（b）中的钠层上，相同的时间和高度段内，钠层密度只有很小突然增加，约在 93.5 km（23:20 LT）的高度出现。

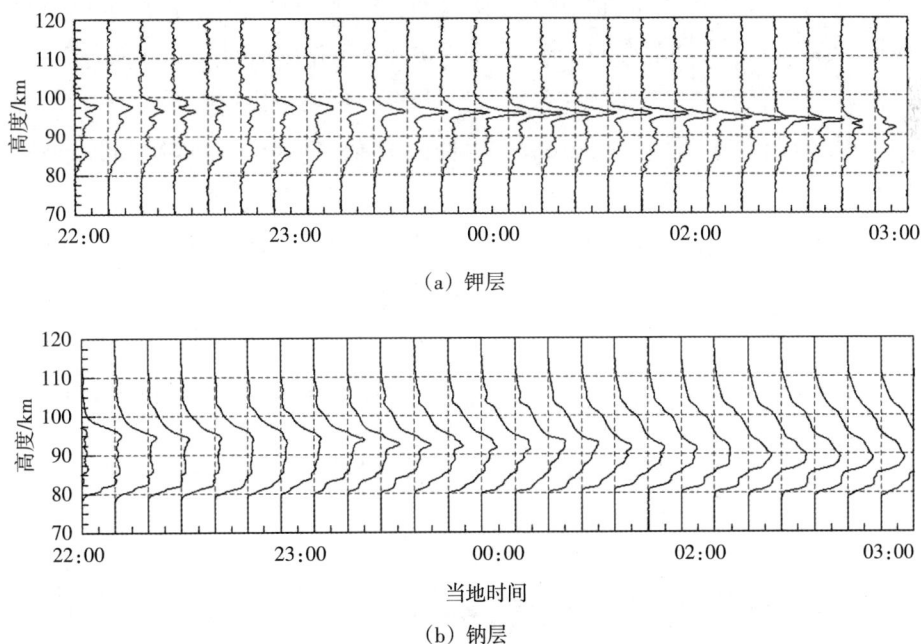

（a）钾层

当地时间

（b）钠层

图5.27 2011年1月15日钾层时间高度廓线图和钠层时间高度廓线图

Ks 和 Nas 呈现完全不同的季节变化。钠层突发出现率最大值在 6—7 月份，最小值在 1—2 月份。而钾层突发出现率最大值在 1—2 月份。钠层突发出现率的季节变化趋势与其他中纬度观测站的观测结果类似，但是，Ks 的季节变化规律不仅与 Nas 的不同，也与阿雷西博天文台站观测到的 Ks 的季节变化趋势不同。主要不同在于在北京上空，Ks 出现率在 1—2 月份（4.9 %）比较大，比 Nas 在 1—2 月份的值（1.6 %）还要大。钠钾同时观测激光雷达在 1 月份总观测时间月 323 小时，在 2 月份约 132 小时，样本足够多。但在 1 月，观测到 Ks 事件 16 个，Nas 事件只有 3 个；在 2 月，观测到 Ks 事件 6 个，Nas 事件 4 个。这两个月观测到的 Ks 数量明显比 Nas 事件多。

大部分 Ks 的峰值高度在 93 km 左右，比钠层峰值高度的平均值（95 km）低约 2 km。Ks 半高全宽的平均值（0.9 km）比 Nas 的（1.7 km）窄。Ks 强度因子的平均值也比 Nas 的稍大；Ks 和 Nas 事件的总持续时间类似，约 1 ~ 3 h。但是，Ks 事件的生成时间大于消逝时间，Nas 的情况恰好与之相反。Ks 的峰值密度平均约是 Nas 的 1/10，但是有两天夜间有密度很高的 Ks 事件发生（> 1000 cm^{-3}），其量级可与钠层相比拟，前人报道的 K 层密度都在 15 ~ 300 cm^{-3}，这是首次观测到如此之大的钾层密度。

总共有 152 对钾层和钠层同时有观测的事例且至少有一个层中出现有明显的突发事件。在这 152 对事例中，其中 22 %钾层和钠层同时出现很明显。而其中 60 %只有钠层突发出现明显。18 %只有钾层突发出现明显。在钾层和钠层同时明显出现的事例中，钾层突发事件往往需要更长的时间到达峰值密度最大处。

从钠层和钾层的观测模型中（Plane，2004；Plane et al.，2014），可知 K$^+$ 相对更难通过中性化过程转换为中性金属原子，因为 K$^+$ 只有在低温时才能形成弱的离子团。K$^+$ 与配基 X（X = N$_2$, O$_2$, or O）形成离子团，离子团中的配基再与大气成分 Y（CO$_2$ or H$_2$O）交换，形成更稳定的离子团，再与电子中和反应生成钾原子。

$$K^+ + X(+M) \rightleftharpoons K^+ \cdot X \qquad (5.12)$$

$$K^+ \cdot X + Y \rightarrow K^+ \cdot Y + X \qquad (5.13)$$

$$K^+ \cdot X \text{ or } Y + e^- \rightarrow K + X \text{ or } Y \qquad (5.14)$$

其中 M 是第三种物质（N2 或 O2），相对 Na$^+$，K$^+$ 质量相对较大；在 MIT 区域，

K^+会与大气主要成分（N_2，O_2，O）形成不稳定汇聚团，结合能小于20 kJmol[11]，因此上述式（5.12）至式（5.14）这一反应只会在MIT区域温度非常低是才会起主导作用。所以，相比Na^+，K^+更难中性化为中性金属原子，即K_s的形成可能需要较长的时间。

5.4 热层钾原子层

前文介绍了延庆宽带激光雷达的双波长工作模式，2016年采用589 nm和770 nm双波长探测，即可以同时观测钠原子层和钾原子层的演化规律。因此，本书对2016年观测到的六例低热层钠层数据和钾层数据做了比较，发现这六个夜晚都有低热层钾层，相关性达到100%。

图5.28展示了低热层钠层和低热层钾层同时随高度的演化。在大多数事件中，两者同时出现在同一高度，只是密度的变化有着些许差别。例如5月3日，14：10 UT，低热层钠层和低热层钾层同时出现在117 km，且在一个半小时内均以4.7 km/h的速率下行至110 km附近，又同时放慢脚步，在19：30 UT观测结束时，均分布在106 km附近，意味着低热层钠层和低热层钾层可能同时受到潮汐作用的调制。这一天低热层钠层和低热层钾层的密度变化也非常相似，都在15：00 UT，16：00 UT和17：20 UT出现了三次极大值，不同的是低热层钠层在16：00 UT密度最大，达到近600 cm^{-3}，占主钠层密度的44%，而低热层钾层在15：00 UT密度达到最大，达到近30 cm^{-3}，占主钾层密度的近90%，这可能与钠原子和钾原子所参与的不同化学反应有关。相似的，5月12日和8月19日的低热层钠层和低热层钾层也有着非常相似的演化趋势。2016年9月8日，在刚开机观测时，就已经可以同时看到低热层钠层和低热层钾层，但是低热层钾层分布在102～109 km，而低热层钠层只分布在105～107 km；近两个小时后，低热层钠层和低热层钾层同时消失，低热层钠层在17：10 UT再次出现直至观测结束，而低热层钾层在14：30 UT再次出现至16：00 UT又一次消失，18：30 UT第三次出现直至观测结束。相似的还有4月7日，低热层钠层和低热层钾层有着相似的高度分布和下行趋势，但是密度的变化却存在差别。唯一一例5月16日的低热层钠层和低热层钾层事件，不仅在密度变化上存在差别，下行速率也差别较大。

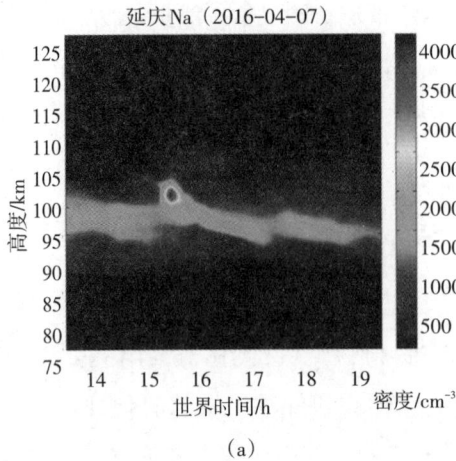

（a）

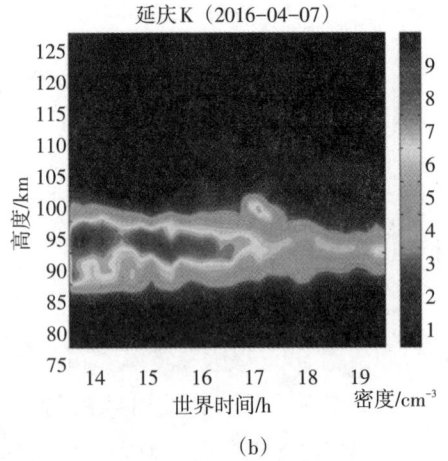

（b）

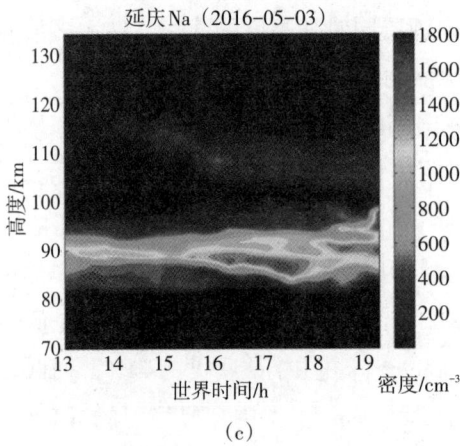

（c）

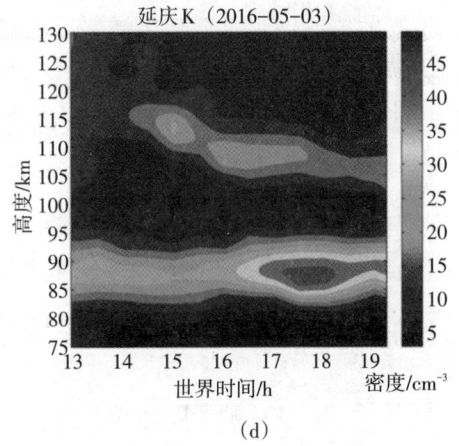

（d）

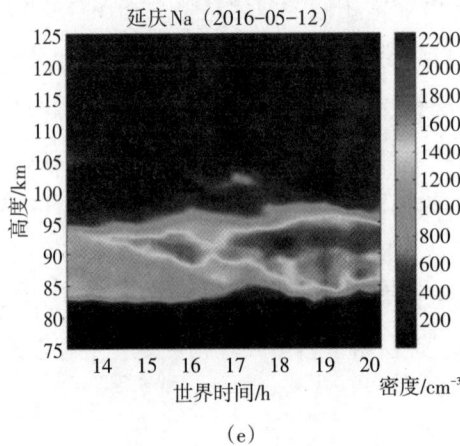

（e）

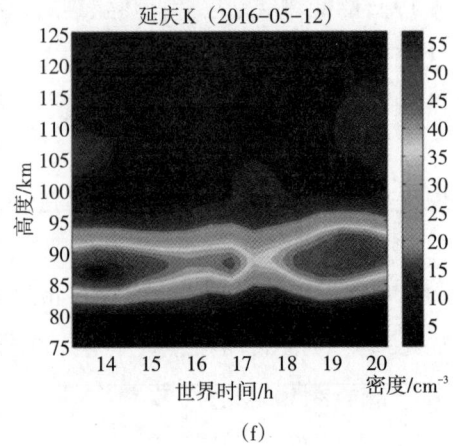

（f）

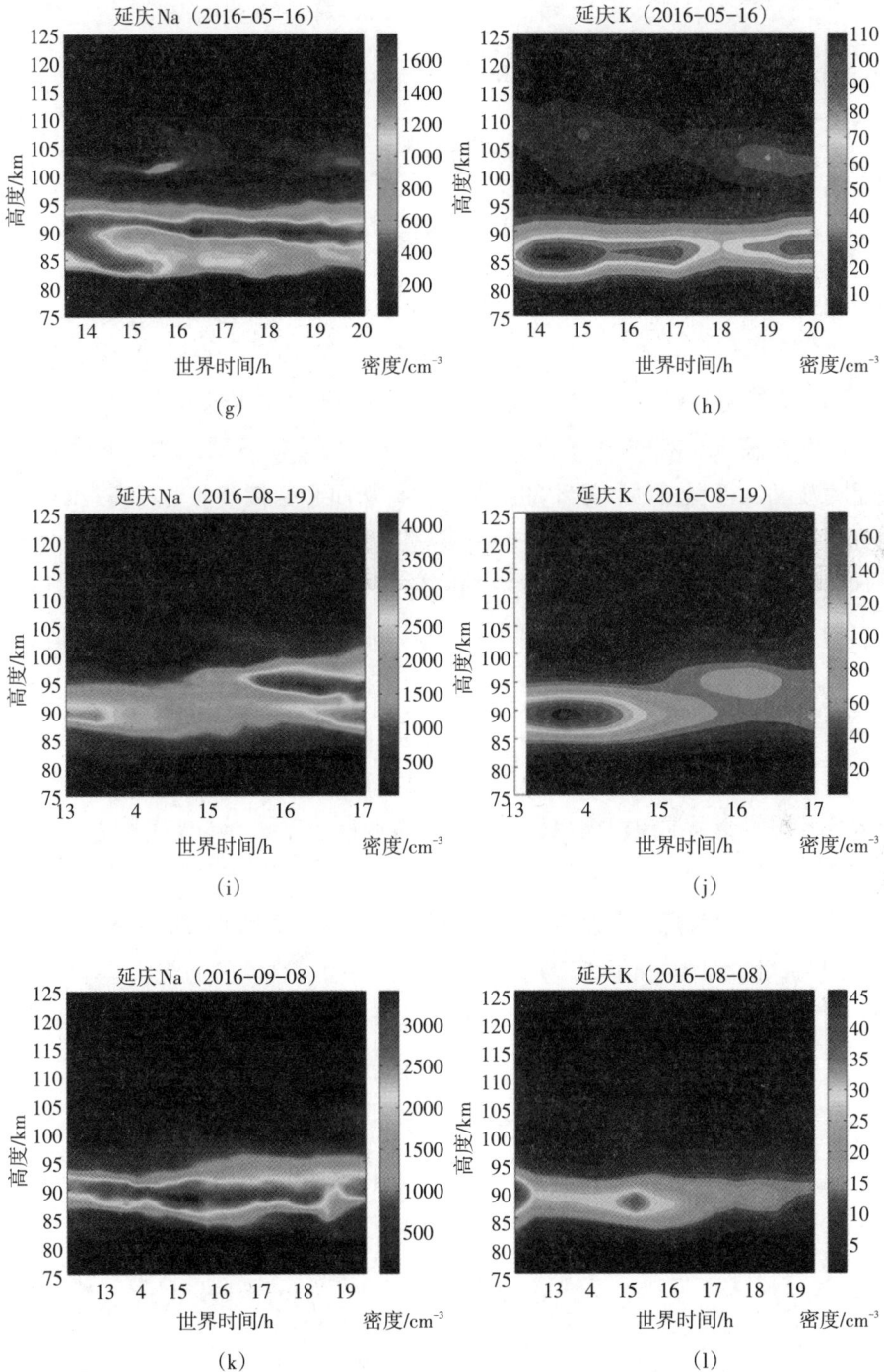

图5.28　低热层钠层与低热层钾层的比较

第6章　大气金属层观测与研究展望

大气金属层所处的中间层和低热层（MLT）区域对下方的向上传播的大气波动和动力驱动力以及上方的太阳辐射和高能粒子沉降都很敏感，对于人类活动引起的气候学变化的响应也越来越受到人们的关注。中高层大气的冷却将引起重力波动、行星波动和潮汐的长期变化，从而影响整个大气环流。Roble 等（1989）通过模型预测了由于 CO_2 翻倍将引起全球中间层平均温度下降 10 K。增加的温室气体在平流层增温，在中间层会作为辐射制冷器。太阳活动是另一个引起 MLT 区域变化的主要的源，因此，开展大气金属层长期、稳定的观测与研究，一方面可以表征中高层大气对于太阳活动的响应，另一方面可以表征中高层大气对于低层大气的响应。

本书介绍了金属层的焦点科学问题，诸如金属层突发、重力波活动、热层金属层起源、金属层建模模拟研究等。随着调 Q、倍频、调谐、高功率光纤器件等技术的发展，激光器的脉冲能量、稳定性、操作方便性都在不断提升，近年来，从单一大气成分密度探测到多成分密度同时探测再到大气密度、温度、风场同时探测，国内外多功能、高分辨率、高探测精度的激光雷达不断被挖掘、被应用。未来，自动化、智能化的激光雷达研制与应用将促进星载激光雷达的发展，与地基激光雷达相配合，更多成分离子的探测将成为可能，为更高高度范围的温度和风场探测提供支撑，将推动对高空大气化学物理过程的认知及电离层不同区域的耦合研究。

参考文献

[1] 班超,2017. 热层钠及突发钠层的机制研究[D]. 合肥:中国科学技术大学.

[2] 陈峰磊,荀宇畅,王泽龙,等,2024. 子午工程二期漠河大气风温金属成分激光雷达钙原子初步观测结果[J]. 地球与行星物理论评,55(1):131-137.

[3] 陈洪滨,2009. 中高层大气研究的空间探测[J]. 地球科学进展,24(3):229-241.

[4] 程学武,杨国韬,杨勇,等,2011. 高空钠层,钾层同时探测的激光雷达[J]. 中国激光,38(2):233-237.

[5] 程学武,2006. 双波长高空探测激光雷达技术与钠层荧光通道的白天观测技术[D]. 武汉:中国科学院研究生院.

[6] 程学武,宋娟,李发泉,等,2006. 双波长高空探测激光雷达技术[J]. 中国激光,5:601-606.

[7] 戴永江,2002. 激光雷达原理[M]. 北京:国防工业出版社.

[8] 高齐,2015. 热层大气中激光雷达观测研究[D]. 合肥:中国科学技术大学.

[9] 龚少华,杨国韬,徐寄遥,等,2013. 中国不同纬度背景 Na 层夜间和季节变化特征的激光雷达研究[J]. 地球物理学报,56(8):2511-2521.

[10] 姜国英,徐寄遥,史建魁,等,2010. 我国海南上空中高层大气潮汐风场的首次观测分析[J]. 科学通报,55(10):923-930.

[11] 焦菁,2015. 基于荧光激光雷达探测的中高层大气金属层结构及其机制研究[D]. 北京:中国科学院大学(国家空间科学中心).

[12] 李静,2018. 中层大气不稳定结构及极区大气异常变化的研究[D]. 合肥:中国科学技术大学.

[13] 李勇杰,程学武,李发泉,等,2012. 武汉上空钠层与钾层的同时激光雷达观测[J]. 空间科学学报,32(1):68-74.

[14] 鲁正华,2019. 北京上空钠层季节变化及冬季潮汐波活动研究[D]. 北京:

中国科学院大学(中国科学院国家空间科学中心).

[15] 皮尔特,拉韦尔,1978. 电离图解释与度量手册[M]. 山东:中国电波传播研究所,译.

[16] 盛裴轩,毛节泰,李建国,等,2003. 大气物理学[M]. 北京:北京大学出版社.

[17] 王泽龙,2017. 北京上空钾层的激光雷达观测与研究[D]. 北京:中国科学院大学(国家空间科学中心).

[18] 夏媛,2017. 全固态钠层风温探测激光雷达关键技术研究[D]. 武汉:中国科学院大学(武汉物理与数学研究所).

[19] 熊年禄,唐存琛,李行健,1999. 电离层物理概论[M]. 武汉:武汉大学出版社.

[20] 徐亦萌,林兆祥,杨国韬,等,2022. 北京延庆钠层上边界的平均特性研究[J]. 地球物理学报,65(10):3714-3727.

[21] 荀宇畅,2019. 中纬度热层钠层的激光雷达观测与研究[D]. 北京:中国科学院大学(中国科学院国家空间科学中心).

[22] 阎吉祥,龚顺生,刘智深,2001. 环境监测激光雷达[M]. 北京:科学出版社.

[23] 郑春开,2009. 等离子体物理[M]. 北京:北京大学出版社.

[24] 左小敏,2008. 中纬电离层突发E层中的波动信号及长期变化特性[D]. 武汉:中国科学院研究生院(武汉物理与数学研究所).

[25] AKMAEV R A,FOMICHEV V I,ZHU X,2006. Impact of middle-atmospheric composition changes on greenhouse cooling in the upper atmosphere[J]. Journal of atmospheric and solar-terrestrial physics,68(17):1879-1889.

[26] ALPERS M,HÖFFFNER J,VON ZAHN U,1996. Upper atmosphere Ca and Ca+ at mid-latitudes:first simultaneous and common-volume lidar observations[J]. Geophysical research letters,23(5):567-570.

[27] ANDRIOLI V F,XU J,BATISTA P P,et al.,2020. Nocturnal and seasonal variation of Na and K layers simultaneously observed in the MLT Region at 23°S[J]. Journal of geophysical research:space physics,125(3):1-16.

[28] ASPLUND M,GREVESSE N,SAUVAL A J,et al.,2009. The chemical composition of the Sun[J]. Annual review of astronomy and astrophysics,47:481-

522.

[29] BALAN N, SOUZA J, BAILEY G J, 2018. Recent developments in the understanding of equatorial ionization anomaly: A review[J]. Journal of atmospheric and solar-terrestrial physics, 171:3-11.

[30] BATISTA P P, ClEMESHA B R, TOKUMOTO A S, et al., 2004. Structure of the mean winds and tides in the meteor region over Cachoeira Paulista, Brazil (22. 7 S, 45 W) and its comparison with models[J]. Journal of atmospheric and solar-terrestrial physics, 66(6/7/8/9):623-636.

[31] BATISTA P P, CLEMSHA B R, BATISTA I S et al., 1991. Characteristics of the sporadic sodium layers observed at 23°S [J]. Journal of geophysical research. space physics, 94: 15349-15358.

[32] BEATTY T J, BILLS R E, KWON K H. et al., 1988. CEDAR lidar observations of sporadic Na layers at Urbana, Ilinois[J]. Geophysical research letters, 15(10): 1137-1140.

[33] BEATTY T J, COLLINS R, GARDNER C, et al., 1989. Simultaneous radar and lidar observations of sporadic-e and na layers at Arecibo[J]. Geophysical research letters, 16(9), 1019-1022.

[34] BELDON C L, MULLER H G, MITCHELL N J, 2006. The 8-hour tide in the mesosphere and lower thermosphere over the UK, 1988-2004[J]. Journal of atmospheric and solar-terrestrial physics, 68(6):655-668.

[35] BOWMAN M R, GIBSON A J, SANDFORD M C W, 1969. Atmospheric sodium measured by a tuned laser radar[J]. Nature, 221(5179):456-457.

[36] CARRILLO-SÁNCHEZ J D, NESVORNÝ D, POKORNÝ P, et al., 2016. Sources of cosmic dust in the Earth's atmosphere [J]. Geophysical research letters, 43(23):11979-11986.

[37] CEMESHA B R, KIRCHHOFF V W J H, SIMONICH D M, et al., 1978. Evidence of an extra-terrestrial source for the mesospheric sodium layer[J]. Geophysical research letters, 5(10):873-876.

[38] CEMESHA B R, BATISTA P P, SIMONICH D M, 1996. Formation of sporadic sodium layers [J]. Journal of geophysical research: space physics, 101 (A9):19701-19706.

[39] CHU X,GARDNER C S,FRANKE S J. 2005. Nocturnal thermal structure of the mesosphere and lower thermosphere region at Maui, Hawaii (20.7°N), and Starfire Optical Range,New Mexico(35°N)[J]. Journal of geophysical research: atmospheres,110(D9).

[40] CLEMESHA B R,BATISTA P P,SIMONICH D M,1999. An evaluation of the evidence for ion recombination as a source of sporadic neutral layers in the lower thermosphere[J]. Advances in space research,24(5),547-556.

[41] CLEMESHA B,BATISTA P. SIMONICH D,1997. Wave-associated sporadic neutral layers in the upper atmosphere[J]. Revista brasileira de geoffsica,15 (3):237-250.

[42] CLEMESHA B,SIMONICH D,BATISTA P,et al.,1992.. Evidence for a lack of diffusive control of the atmospheric sodium layer[J]. Journal of atmospheric and terrestrial physics,54(3):355-362.

[43] CLEMESHA B R,BATISTA P P,SIMONICH D M,1996. Formation of sporadic sodium layers[J]. Journal of geophysical research space physics,101: 19701-19706.

[44] CLEMESHA B,1990. Stratification processes in the atmospheric sodium layer:observations and theory[J].Advances in space research,10(10):59-70.

[45] CLEMESHA B,SIMONICH D,BATISTA P,1992..A long-term trend in the height of the atmospheric sodium layer: Possible evidence for global change [J]. Geophysical research letters,19(5):457-460.

[46] CHIMONAS G,1971. Enhancement of sporadic E by horizontal transport within the layer[J]. Journal of geophysical research,76(19):4578-4586.

[47] CHU X,PAPEN C G,2005. Resonance fluorescence lidar for measurements of the middle and upper atmosphere [M]//Takashi F,Tetsuo F. Laser remote sensing. Boca Raton,FL:CRC Press:179-432.

[48] CHU X,YU Z,GARDNER C S,et al.,2011. Lidar observations of neutral Fe layers and fast gravity waves in the thermosphere (110~155 km) at McMurdo (77.8°S, 166.7°E), Antarctica [J]. Geophysical research letters,38(23): 23807.

[49] CHU X,YU Z,2017. Formation mechanisms of neutral Fe layers in the ther-

mosphere at Antarctica studied with a thermosphere - ionosphere Fe/Fe $^+$ (TIFe) model [J]. Journal of geophysical research: space physics, 122(6): 6812-6848.

[50] CLEMESHA B R, KIRCHHOFF V W J H, SIMONICH D M, et al., 1980. Spaced lidar and nightglow observations of an atmospheric sodium enhancement [J]. Journal of geophysical research: space physics, 85 (A7): 3480-3484.

[51] CLEMESHA B R, BATISTA P P, SIMONICH D M, 1988. Concerning the origin of enhanced sodium layers[J]. Geophysical research letters,15(11):1267-1270.

[52] CLEMESHA B R, BATISTA P P, SIMONICH D M, 2003. Long-term variations in the centroid height of the atmospheric sodium layer [J]. Advances in space research,32(9):1707-1711.

[53] COLLINS R L, HALLINAN T J, SMITH R W, et al., 1996. Lidar observations of a large high-altitude sporadic Na layer during active aurora [J]. Geophysical research letters,23(24):3655-3658.

[54] COLLINS S C, PLANE J M C, KELLEY M C, et al., 2002. A study of the role of ion-molecule chemistry in the formation of sporadic sodium layers [J]. Journal of atmospheric and solar-terrestrial physics,64(7):845-860.

[55] COX R M, PLANE J M C, 1998. An ion-molecule mechanism for the formation of neutral sporadic Na layers [J]. Journal of geophysical research: atmospheres,103(D6):6349-6359.

[56] COX R, PLANE J, GREEN J, 1993. A modelling investigation of sudden sodium layers[J].Geophysical research letters,20(24):2841-2844.

[57] DAWKINS E C M, PLANE J M C, CHIPPERFIELD M P, et al., 2014. First global observations of the mesospheric potassium layer [J]. Geophysical research letters,41(15):5653-5661.

[58] DAWKINS E C M, PLANE J M C, CHIPPERFIELD M P, et al., 2015. The near-global mesospheric potassium layer: Observations and modeling[J]. Journal of geophysical research: atmospheres,120(15):7975-7987.

[59] DAWKINS E C M, PLANE J M C, CHIPPERFIELD M P, et al., 2016. Solar

cycle response and long-term trends in the mesospheric metal layers[J]. Journal of geophysical research:space physics,121(7):7153-7165.

[60] DELGADO R,WEINER B R,FRIEDMAN J S,2006. Chemical model for midsummer lidar observations of mesospheric potassium over the Arecibo observatory[J]. Geophysical research letters,33(2):L02801.

[61] DOU X K,XUE X H,CHEN T D,et al.,2009. A statistical study of sporadic sodium layer observed by sodium lidar at Hefei (31.8 N,117.3 E)[C]//Annales Geophysicae. Copernicus GmbH,27(6):2247-2257.

[62] DOU X K,XUE X H,LI T,et al.,2010. Possible relations between meteors, enhanced electron density layers,and sporadic sodium layers[J]. Journal of geophysical research:space physics,115(6):A06311.

[63] DOU X K,QIU S C,XUE X H,et al.,2013. Sporadic and thermospheric enhanced sodium layers observed by a lidar chain over China[J]. Journal of geophysical research:space physics,118(10):6627-6643.

[64] DU L,ZHENG H,XIAO C,et al.,2023. The all-solid-state narrowband lidar developed by optical parametric oscillator/amplifier (OPO/OPA) technology for simultaneous detection of the Ca and Ca$^+$ layers[J]. Remote sensing,15 (18):4566.

[65] EJIRI M K,NAKAMURA T,TSUDA T T,et al.,2019. Observation of synchronization between instabilities of the sporadic E layer and geomagnetic field line connected F region medium-scale traveling ionospheric disturbances[J]. Journal of geophysical research:space physics,124(6):4627-4638.

[66] ESKA V,HÖFFNER J,VON ZAHN U,1998. Upper atmosphere potassium layer and its seasonal variations at 54° N[J]. Journal of geophysical research: space physics,103(A12):29207-29214.

[67] ESKA V,VON ZAHN U,PLANE J M C,1999. The terrestrial potassium layer (75~110 km) between 71° S and 54° N:Observations and modeling[J]. Journal of geophysical research:space physics,104(A8):17173-17186.

[68] FAN Z Y,PLANE J M C,GUMBEL J,2007. On the global distribution of sporadic sodium layers[J]. Geophysical research letters,34(15):L15808.

[69] FELIX F,KEENLISIDE W,KENT G,et al.,1973. Laser radar observations of

atmospheric potassium[J]. Nature,246(5432):345-346.

[70] FORBES J M,ZHANG X,MARSH D R,2014. Solar cycle dependence of middle atmosphere temperatures [J]. Journal of geophysical research: atmospheres,119(16):9615-9625.

[71] FRIEDMAN J S, GONZALEZ S A, TEPLEY C A et al., 2000.Simultaneous atomic and ion layer enhancements observed in the mesopause region over Arecibo during the Coqui II sounding rocket campaign [J]. Geophysical research letters ,27:449-452.

[72] FRICKE-BEGEMANN C, HÖFFNER J, VON ZAHN U, 2002. The potassium density and temperature structure in the mesopause region (80~105 km) at a low latitude (28° N)[J]. Geophysical research letters,29(22):24(1-4).

[73] FRIEDMAN J S,COLLINS S C,DELGADO R, et al.,2002. Mesospheric potassium layer over the Arecibo Observatory, 18. 3 N 66. 75 W[J]. Geophysical research letters,29(5):15(1-4).

[74] FRIEDMAN J S,2003. Tropical mesopause climatology over the Arecibo observatory[J]. Geophysical research letters,30(12):87-104.

[75] FRIEDMAN J S,TEPLEY C A,RAIZADA S,et al.,2003. Potassium doppler-resonance lidar for the study of the mesosphere and lower thermosphere at the Arecibo observatory[J]. Journal of atmospheric and solar-terrestrial physics, 65(16/17/18):1411-1424.

[76] FRIEDMAN J S,CHU X,BRUM C G M,et al.,2013. Observation of a thermospheric descending layer of neutral K over Arecibo[J]. Journal of atmospheric and solar-terrestrial physics,104:253-259.

[77] FUSSEN D, VANHELLEMONT F, BINGEN C, et al.,2004. Global measurement of the mesospheric sodium layer by the star occultation instrument Gomos[J]. Geophysical research letters,31(24):357-370.

[78] GAO Q,CHU X,XUE X,et al.,2015. Lidar observations of thermospheric Na layers up to 170 km with a descending tidal phase at Lijiang (26.7° N, 100. 0° E),China[J]. Journal of geophysical research: space physics, 120 (10):9213-9220.

[79] GARDNER C S,1989. Sodium resonance fluorescence lidar applications in at-

mospheric science and astronomy[J]. Proceedings of the IEEE, 77(3):408-418.

[80] GARDNER C S, KANE T J, SENFT D C, et al., 1993. Simultaneous observations of sporadic E, Na, Fe, and Ca+ layers at Urbana, Illinois: Three case studies[J]. Journal of geophysical research:atmospheres, 98(D9):16865-16873.

[81] GARDNER C S, PLANE J M C, PAN W, et al., 2005. Seasonal variations of the Na and Fe layers at the South Pole and their implications for the chemistry and general circulation of the polar mesosphere[J]. Journal of geophysical research:atmospheres, 110(D10):1-13.

[82] GARDNER C S, CHU X, ESPY P J, et al., 2011. Seasonal variations of the mesospheric Fe layer at Rothera, Antarctica (67. 5° S, 68. 0° W)[J]. Journal of geophysical research:atmospheres, 116(D2).

[83] GARDNER C S, CHU X Z, ESPY P J, et al., 2011. Seasonal variations of the mesospheric Fe layer at Rothera, Antarctica(67.5°S, 68.0°W)[J]. Journal of geophysical research:atmospheres, 116(2).

[84] GARDNER C S, PLANE J M C, PAN W, et al., 2005. Seasonal variations of the Na and Fe layers at the South Pole and their implications for the chemistry and general circulation of the polar mesosphere[J]. Journal of geophysical research:atmospheres, 110(D10).

[85] GELINAS L J, LYNCH K A, KELLEY M C, et al.2005. Mesospheric charged dust layer: Implications for neutral chemistry[J]. Journal of Geophysical Research-Space Physics, 110(A1).

[86] GERDING M, ALPERS M, VON ZAHN U, et al., 2000. Atmospheric Ca and Ca+ layers: Midlatitude observations and modeling[J]. Journal of geophysical research:space physics, 105(a12):27131-27146.

[87] GERDING M, ALPERS M, HÖFFNER J, et al., 2001. Sporadic Ca and Ca+ layers at mid-latitudes: Simultaneous observations and implications for their formation[C]//Annales geophysicae. Göttingen, Germany: Copernicus Publications, 19(1):47-58.

[88] GERDING M, VON ZAHN U, ROLLASON R J, 2000. Atmospheric Ca and Ca+ layers: Midlatitude observations and modeling[J]. Journal of geophysical

research:space physics,105(A12),27131-27146.

[89] GONG S S,YANG G T,WANG J M,et al.,2002.Occurrence and characteristics of sporadic sodium layer observed by lidar at a mid-latitude location[J] Journal of atmospheric and solar-terrestrial physics,64(18),1957-1966.

[90] GONG S S,YANG G T,WANG J M,et al.,2002. Occurrence and characteristics of sporadic sodium layer observed by lidar at a mid-latitude location[J]. Journal of atmospheric and solar-terrestrial physics,64(18),1957-1966.

[91] GONG S S, YANG G T, WANG J M, et al., 2003. A double sodium layer event observed over Wuhan,China by lidar[J]. Geophysical research letters, 30(5).

[92] GRANIER G,JÉGOU J P,MÉGIE G,1985. Resonant lidar detection of Ca and Ca⁺ in the upper atmosphere[J]. Geophysical research letters,12(10): 655-658.

[93] GRANIER C,JEGOU J P,MEGIE G,1989. Atomic and ionic calcium in the earth's upper atmosphere[J]. journal of geophysical research:atmospheres,94 (D7):9917-9924.

[94] GRANIER G,JÉGOU J P,MÉGIE G,1985. Resonant lidar detection of Ca and Ca⁺ in the upper atmosphere[J]. Geophysical research letters,12(10): 655-658.

[95] HAKE JR R D,ARNOLD D E,JACKSON D W,et al.,1972. Dye-laser observations of the nighttime atomic sodium layer[J]. Journal of geophysical research,77(34):6839-6848.

[96] HALDOUPIS C,2011. A tutorial review on sporadic E layers[J]. Aeronomy of the earth's atmosphere and ionosphere:381-394.

[97] HAVNES O,ANGELIS U D,BINGHAM R,et al.,1990. On the role of dust in the summer mesopause[J]. Journal of atmospheric and terrestrial physics,52 (6):637-643.

[98] HECHT J, KANE T, WALTERSCHEID R, et al, 1993. Simultaneous nightglow and Na lidar observations at Arecibo during the AIDA-89 campaign[J]. Journal of atmospheric and terrestrial physics,55(3):409-423.

[99] HEINRICH D,NESSE H,BLUM U et al.,2008. Summer sudden Na number

density enhancements measured with the ALOMAR Weber Na Lidar[J]. Annales geophysicae,26:1057-1069.

[100] HEINSELMAN C J,THAYER J P,WATKINS B J,1998. A high-latitude observation of sporadic sodium and sporadic E-layer formation[J]. Geophysical research letters,25(16):3059-3062.

[101] HÖFFNER J,FRIEDMAN J S,2005. The mesospheric metal layer topside: examples of simultaneous metal observations[J]. Journal of atmospheric and solar-terrestrial physics,67(13):1226-1237.

[102] HÖFFNER J,LÜBKEN F J,2007. Potassium lidar temperatures and densities in the mesopause region at spitsbergen (78° N)[J]. Journal of geophysical research:atmospheres,112(D20).

[103] JIAO J,YANG G,ZOU X,et al.,2014. Joint observations of sporadic sodium and sporadic E layers at middle and low latitudes in China[J]. Chinese science bulletin,59(29/30):3868-3876.

[104] JIAO J,YANG G,WANG J,et al.,2015. First report of sporadic K layers and comparison with sporadic Na layers at Beijing,China (40. 6 N, 116. 2 E)[J]. Journal of geophysical research:space physics,120(6):5214-5225.

[105] JIAO J,YANG G T,WANG J H,et al.,2016. Occurrence and characteristics of sporadic K layer observed by lidar over Beijing,China[J]. Science China earth sciences,59:540-547.

[106] JIAO J,YANG G,WANG J,et al.,2017. Observations of dramatic enhancements to the mesospheric K layer[J]. Geophysical research letters,44(24): 12536-12542.

[107] JIAO J,CHU X,JIN H,et al.,2022. First Lidar profiling of meteoric Ca⁺ ion transport from ~80 to 300 km in the midlatitude nighttime ionosphere[J]. Geophysical research letters,49(18):1-11.

[108] JIAO J,FENG W,WU F,et al.,2022. A comparison of the midlatitude nickel and sodium layers in the mesosphere:Observations and modeling[J]. Journal of geophysical research:space physics,127(2):1-16.

[109] JURAMY P,CHANIN M L,MEGIE G,et al.,1981. Lidar sounding of the mesospheric sodium layer at high latitude[J]. Journal of atmospheric and ter-

restrial physics,43(3):209-215.

[110] KANE T J,GARDNER C S,1993. Structure and seasonal variability of the nighttime mesospheric Fe layer at midlatitudes[J]. Journal of geophysical research:atmospheres,98(D9):16875-16886.

[111] KANE T J,HOSTETLER C A,GARDNER C S,1991.Horizonal and vertical structure of the major sporadic sodium layer events observed during ALOHA-90[J]. Geophysical research letters,18:1365-1368.

[112] KIRKWOOD S,COLLIS P,1989. Gravity wave generation of simultaneous auroral sporadic-E layers and sudden neutral sodium layers[J].Journal of atmospheric and terrestrial physics,51(4):259-269.

[113] KIRKWOOD S,VON ZAHN U,1991. On the role of auroral electric fields in the formation of low altitude sporadic-E and sudden sodium layers[J]. Journal of atmospheric and terrestrial physics,53(5):389-407.

[114] KOPP E,1997. On the abundance of metal ions in the lower ionosphere[J]. Journal of geophysical research:space physics,102(A5):9667-9674.

[115] KRUEGER D A,SHE C Y,YUAN T,2015. Retrieving mesopause temperature and line-of-sight wind from full-diurnal-cycle Na lidar observations[J]. Applied optics,54(32):9469-9489.

[116] KWON K H,SENFT D C,GARDNER C S,1988. Lidar observations of sporadic sodium layers at Mauna Kea observatory,Hawaii[J]. Journal of geophysical research atmospheres,93:14199-14208.

[117] LIU A Z,GUO Y,VARGAS F,et al.,2016. First measurement of horizontal wind and temperature in the lower thermosphere (105－140 km) with a Na lidar at andes lidar observatory [J]. Geophysical research letters,43(6):2374-2380.

[118] MA Z,WANG X,CHEN L,et al.,2014. First report of sporadic Na layers at Qingdao (36° N,120° E),China[J]. Annales geophysicae,32(7):739-748.

[119] MACDOUGALL J W,JAYACHANDRAN P,2005. Sporadic E at cusp latitudes[J]. Journal of atmospheric and solar-terrestrial physics,67(15):1419-1426.

[120] MICHAILLE L,CLIFFORD J B,DAINTY J C,et al 2001. Characterization

of the mesospheric sodium layer at La Palma[J].Monthly notices of the royal astronomical society,328(4):993-1000.

[121] MIYAGAWA H, NAKAMURA T, TSUDA T et al ., 1999. Observations of mesospheric sporadic sodium layers with the MU radar and sodium lidars[J]. Earth zlanets Space 51:785-797.

[122] MATHEWS J D, ZHOU Q, PHILBRICK C R, et al., 1993. Observations of ion and sodium layer coupled processes during AIDA[J]. Journal of atmospheric and terrestrial physics,55(3):487-498.

[123] MATHEWS J D, 1998. Sporadic E:current views and recent progress[J]. Journal of atmospheric and solar-terrestrial physics,60(4):413-435.

[124] MCNEIL W J, LAI S T, MURAD E, 1998. Models of thermospheric sodium, calcium and magnesium at the magnetic equator[J]. Advances in space research,21(6):863-866.

[125] MEGIE G, BLAMONT J E, 1977. Laser sounding of atmospheric sodium interpretation in terms of global atmospheric parameters[J]. Planetary and space science,25(12):1093-1109.

[126] MEGIE G, BOS F, BLAMONT J E, et al., 1978. Simultaneous nighttime lidar measurements of atmospheric sodium and potassium[J]. Planetary and space science,26(1):27-35.

[127] MEGIE G, 1988. Laser measurements of atmospheric trace constituents [M]//MEASURES R M. Laser remote chemical analysis. New York:Wiley: 333-408.

[128] MOUSSAOUI N, CLEMESHA B R, HOLZLÖHNER R, et al., 2010. Statistics of the sodium layer parameters at low geographic latitude and its impact on adaptive-optics sodium laser guide star characteristics[J]. Astronomy & astrophysics,511:A31.

[129] NAGASAWA C, ABO M, 1995. Lidar observations of a lot of sporadic sodium layers in mid-latitude[J]. Geophysical research letters,22(3):263-266.

[130] NAGASAWA C, ABO M, 1995. Lidar observations of a lot of sporadic sodium layers in mid-latitude[J]. Geophysical research letters,22(3):263-266.

[131] NOZAWA S, KAWAHARA T D, SAITO N, et al., 2014. Variations of the

neutral temperature and sodium density between 80 and 107 km above Tromsø during the winter of 2010 - 2011 by a new solid-state sodium lidar [J]. Journal of geophysical research:space physics, 119(1):441-451.

[132] OBERHEIDE J, FORBES J M, ZHANG X, et al., 2011. Climatology of upward propagating diurnal and semidiurnal tides in the thermosphere [J]. Journal of geophysical research:space physics, 116(11):11306-11326.

[133] PFROMMER T, HICKSON P, 2010. High-resolution mesospheric sodium observations for extremely large telescopes [C]//Adaptive Optics Systems Ⅱ. SPIE, 7736:757-767.

[134] PLANE J M C, GARDNER C S, YU J, et al., 1999. Mesospheric Na layer at 40° N:modeling and observations[J]. Journal of geophysical research:atmospheres, 104(D3):3773-3788.

[135] PLANE J M C, 2003. Atmospheric chemistry of meteoric metals[J]. Chemical reviews, 103(12):4963-4984.

[136] PLANE J M C, 2004. A new time-resolved model of the mesospheric Na layer:constraints on the meteor input function[J]. Atmospheric chemistry and physics discussions, 4(1):39-69.

[137] PLANE J M C, FENG W, DAWKINS E, et al., 2014. Resolving the strange behavior of extraterrestrial potassium in the upper atmosphere[J]. Geophysical research letters, 41(13):4753-4760.

[138] PLANE J M C, FENG W, DAWKINS E C M, 2015. The mesosphere and metals:chemistry and changes[J]. Chemical reviews, 115(10):4497-4541.

[139] PLANE J M C, FENG W, GÓMEZ MARTÍN J C, et al., 2018. A new model of meteoric calcium in the mesosphere and lower thermosphere [J]. Atmospheric chemistry and physics, 18(20):14799-14811.

[140] PIGGOTT W R, RAWER K, 1972. URSI handbook of ionogram interpretation and reduction of the World Wide Soundings Committee [M]. Van Noastrand:Elsevier.

[141] PLANE J M C, 1991, The chemistry of meteoric metals in the earth, supper atmosphere[J].International reviews in physical chemistry, 10:55-106.

[142] PRASANTH P V, KUMAR Y B, RAO DN, 2006. Lidar observations of spo-

radic Na layers over Gadanki (13.5 N,79.2 E)[J]. Annales Geophysicae,25:
1759-1766.

[143] QIAN J,GARDNER C S,1995. Simultaneous lidar measurements of meso-
spheric Ca, Na, and temperature profiles at Urbana, Illinois[J]. Journal of
geophysical research:atmospheres,100(D4):7453-7461.

[144] QIAN J,GU Y,GARDNER C S,1998. Characteristics of the sporadic Na lay-
ers observed during the Airborne Lidar and Observations of Hawaiian Airglow/
Airborne Noctilucent Cloud (ALOHA/ANLC-93) campaigns[J]. Journal of
geophysical research:atmospheres,103(D6):6333-6347.

[145] QIU S,TANG Y,DOU X,2015. Temperature controlled icy dust reservoir of
sodium:a possible mechanism for the formation of sporadic sodium layers
[J]. Advances in space research,55(11):2543-2565.

[146] QIU S,WANG N,SOON W,et al.,2021. The sporadic sodium layer:a possi-
ble tracer for the conjunction between the upper and lower atmospheres[J].
Atmospheric chemistry and physics,21(15):11927-11940.

[147] RAIZADA S,TEPLEY C A,2003. Seasonal variation of mesospheric iron
layers at Arecibo:First results from low-latitudes[J]. Geophysical research
letters,30(2):1082.

[148] RAIZADA S,TEPLEY C A,JANCHES D,et al.,2004. Lidar observations of
Ca and K metallic layers from Arecibo and comparison with micrometeor spo-
radic activity[J]. Journal of atmospheric and solar-terrestrial physics,66(6/
7/8/9):595-606.

[149] RAIZADA S,TEPLEY C A,APONTE N,et al.,2011. Characteristics of neu-
tral calcium and Ca^+ near the mesopause,and their relationship with sporad-
ic ion/electron layers at Arecibo[J]. Geophysical research letters,38(9):
L09103.

[150] RAIZADA S,TEPLEY C A,WILLIAMS B P,et al.,2012. Summer to winter
variability in mesospheric calcium ion distribution and its dependence on
sporadic E at Arecibo[J]. Journal of geophysical research:space physics,
117(A2):A02303.

[151] RAIZADA S,BRUM C M,TEPLEY C A,et al.,2015. First simultaneous

measurements of Na and K thermospheric layers along with TILs from Arecibo[J]. Geophysical research letters, 42(23): 10106-10112.

[152] RAIZADA S, SMITH J A, LAUTENBACH J, et al., 2020. New lidar observations of Ca⁺ in the mesosphere and lower thermosphere over Arecibo[J]. Geophysical research letters, 47(5): 1–9.

[153] RAIZADA S, RAPP M, F.-J LÜBKEN, et al, 2007. Effect of ice particles on the mesospheric potassium layer at Spitsbergen (78°N) [J]. Journal of Geophysical Research: Atmospheres, 112(D8): D08307.

[154] SANDFORD D J, MULLER H G, MITCHELL N J, 2006. Observations of lunar tides in the mesosphere and lower thermosphere at Arctic and middle latitudes[J]. Atmospheric chemistry and physics, 6(12): 4117-4127.

[155] SENFT D C, COLLINS R L, GARDNER C S, 1989. Mid-latitude lidar observations of large sporadic sodium layers[J]. Geophysical research letters, 16: 715-718.

[156] SHE C Y, YU J R, LATIFI H, et al., 1992. High-spectral-resolution fluorescence light detection and ranging for mesospheric sodium temperature measurements[J]. Applied optics, 31(12): 2095-2106.

[157] SHE C Y, CHEN S, HU Z, et al., 2000. Eight-year climatology of nocturnal temperature and sodium density in the mesopause region (80 to 105 km) over Fort Collins, CO (41° N, 105° W) [J]. Geophysical research letters, 27 (20): 3289-3292.

[158] SHE C Y, KRUEGER D A, AKMAEV R, et al., 2009. Long-term variability in mesopause region temperatures over Fort Collins, Colorado (41°N, 105° W) based on lidar observations from 1990 through 2007[J]. Journal of atmospheric and solar-terrestrial physics, 71(14/15): 1558-1564.

[159] SHE C Y, CHEN H, KRUEGER D A, 2015. Optical processes for middle atmospheric doppler lidars: Cabannes scattering and laser-induced resonance fluorescence[J]. Journal of the optical society of America B, 32(8): 1575-1592.

[160] SHE C Y, KRUEGER D A, YAN Z A, et al., 2023. Climatology, long-term trend and solar response of Na density based on 28 Years (1990-2017) of

midlatitude mesopause Na lidar observation[J]. Journal of geophysical research:space physics,128(11):1-13.

[161] SIMONICH D,CLEMESHA B,2008. Sporadic sodium layers and the average vertical distribution of atmospheric sodium:comparison of different Nas layer strengths[J]. Advances in space research,42(1):229-233.

[162] SIMONICH D M,CLEMESHA B R,KIRCHHOFF V W J H,1979. The mesospheric sodium layer at 23° S:Nocturnal and seasonal variations[J]. Journal of geophysical research:space physics,84(A4):1543-1550.

[163] SMITH E K,1978. Temperate zone sporadic-E maps (ƒOEs > 7 MHz)[J]. Radio science,13(3):571-575.

[164] STATES R J,GARDNER C S,1999. Structure of the mesospheric Na layer at 40° N latitude:seasonal and diurnal variations[J]. Journal of geophysical research:atmospheres,104(D9):11783-11798.

[165] SULLIVAN H M,HUNTEN D M,1964. Lithium,sodium,and potassium in the twilight airglow[J]. Canadian journal of physics,42(5):937-956.

[166] TAKAHASHI T,NOZAWA S,TSUDA T T,et al.,2015. A case study on generation mechanisms of a sporadic sodium layer above Tromsø (69.6°N) during a night of high auroral activity [C] // Annales Geophysicae. Göttingen, Germany:Copernicus GmbH,33(8):941-953.

[167] TEPLEY C A,RAIZADA S,ZHOU Q,et al.,2003. First simultaneous observations of Ca⁺, K, and electron density using lidar and incoherent scatter radar at Arecibo[J]. Geophysical research letters,30(1):9(1-4).

[168] TSUDA T T,NOZAWA S,KAWAHARA T D,et al.,2011. Fine structure of sporadic sodium layer observed with a sodium lidar at Tromsø, Norway[J]. Geophysical research letters,38(18):L18102-L18106.

[169] TSUDA T T,CHU X,NAKAMURA T,et al.,2015. A thermospheric Na layer event observed up to 140 km over Syowa station (69.0 S, 39.6 E) in Antarctica[J]. Geophysical research letters,42(10):3647-3653.

[170] VOICULESCU M,IGNAT M,2003. Vertical motion of ionization induced by the linear interaction of tides with planetary waves[C] // Annales Geophysicae. Göttingen,Germany:Copernicus Publications,21(7):1521-1529.

[171] VON ZAHN U, VON DER GATHEN P, HANSEN G, 1987. Forced release of sodium from upper atmospheric dust particles [J]. Geophysical research letters, 14(1):76-79.

[172] VON ZAHN U, HANSEN T L, 1988. Sudden neutral sodium layers: a strong link to sporadic E layers [J]. Journal of atmospheric and terrestrial physics, 50(2):93-104.

[173] VON ZAHN U, HÖFFNER J, 1996. Mesopause temperature profiling by potassium lidar[J]. Geophysical research letters, 23(2):141-144.

[174] VON ZAHN U, GERDING M, HÖFFNER J, et al., 1999. Iron, calcium, and potassium atom densities in the trails of Leonids and other meteors: strong evidence for differential ablation[J]. Meteoritics & planetary science, 34(6): 1017-1027.

[175] WAN W X, XU J Y, 2014. Recent investigation on the coupling between the ionosphere and upper atmosphere [J]. Science China (earth sciences), 57 (9):1995-2012.

[176] WANG C, 2010. Development of the Chinese meridian project[J]. Chinese journal of space science, 30(4):382-384.

[177] WANG J, YANG Y, CHENG X, et al., 2012. Double sodium layers observation over Beijing, China[J]. Geophysical research letters, 39(15):L15801.

[178] WANG Z, YANG G, WANG J, et al., 2017. Seasonal variations of meteoric potassium layer over Beijing (40.41°N, 116.01°E)[J]. Journal of geophysical research: space physics, 122(2):2106-2118.

[179] WHITEHEAD J D, 1989. Recent work on mid-latitude and equatorial sporadic-E[J]. Journal of atmospheric and terrestrial physics, 51(5):401-424.

[180] WILLIAMS B P, BERKEY F T, SHERMAN J, et al., 2007. Coincident extremely large sporadic sodium and sporadic E layers observed in the lower thermosphere over Colorado and Utah[C]//Annales Geophysicae. Göttingen, Germany: Copernicus Publications, 25(1):3-8.

[181] WU F, ZHENG H, CHENG X, et al., 2020. Simultaneous detection of the Ca and Ca⁺ layers by a dual-wavelength tunable lidar system[J]. Applied optics, 59(13):4122-4130.

[182] WU F, CHU X, DU L, et al., 2022. First simultaneous lidar observations of thermosphere-ionosphere sporadic Ni and Na (TISNi and TISNa) layers (~ 105-120 km) over Beijing (40.42°N, 116.02°E)[J]. Geophysical research letters, 49(16):e2022GL100397.

[183] XUE X H, DOU X K, LEI J, et al., 2013. Lower thermospheric-enhanced sodium layers observed at low latitude and possible formation: Case studies [J]. Journal of geophysical research: space physics, 118(5):2409-2418.

[184] YI F, YU C, ZHANG S, et al., 2009. Seasonal variations of the nocturnal mesospheric Na and Fe layers at 30° N[J]. Journal of geophysical research: atmospheres, 114(D1):D01301.

[185] YI F, ZHANG S, YU C, 2013. Simultaneous and common-volume three-lidar observations of sporadic metal layers in the mesopause region[J]. Journal of atmospheric and solar-terrestrial physics, 102:172-184.

[186] YIĞIT E, MEDVEDEV A S, 2015. Internal wave coupling processes in earth's atmosphere[J]. Advances in space research, 55(4):983-1003.

[187] YIĞIT E, KNÍŽOVÁ P K, GEORGIEVA K, et al., 2016. A review of vertical coupling in the atmosphere-ionosphere system: effects of waves, sudden stratospheric warmings, space weather, and of solar activity[J]. Journal of atmospheric and solar-terrestrial physics, 141:1-12.

[188] YUAN T, SHE C Y, KAWAHARA T D, et al., 2012. Seasonal variations of mid-latitude mesospheric Na layer and its tidal period perturbations based on full-diurnal-cycle Na lidar observations of 2002-2008[J]. Journal of geophysical research atmospheres, 117(D11).

[189] YUAN T, WANG J, CAI X, et al., 2014. Investigation of the seasonal and local time variations of the high-altitude sporadic Na layer (Nas) formation and the associated midlatitude descending E layer (Es) in lower E region [J]. Journal of geophysical research: space physics, 119(7):5985-5999.

[190] YUAN T, SOLOMON S C, SHE C Y, et al., 2019. The long-term trends of nocturnal mesopause temperature and altitude revealed by Na lidar observations between 1990 and 2018 at midlatitude[J]. Journal of geophysical research: atmospheres, 124(12):5970-5980.

［191］ YUE X, FRIEDMAN J S, WU X, et al., 2017. Structure and seasonal variations of the nocturnal mesospheric K layer at Arecibo［J］. Journal of geophysical research: atmospheres, 122(14): 7260-7275.

［192］ ZHAO X R, SHENG Z, SHI H Q, et al., 2020. Long-term trends and solar responses of the mesopause temperatures observed by SABER during the 2002-2019 period［J］. Journal of geophysical research: atmospheres, 125 (11): e2020JD032418.

［193］ ZHOU Q, FRIEDMAN J, RAIZADA S, et al., 2005. Morphology of nighttime ion, potassium and sodium layers in the meteor zone above Arecibo［J］. Journal of atmospheric and solar-terrestrial physics, 67(13): 1245-1257.

［194］ ZHOU Q, MATHEWS J D, 1995. Generation of sporadic sodium layers via turbulent heating of the atmosphere［J］. Journal of atmospheric and terrestrial physics, 57(11): 1309-1319.

［195］ ZHOU Q, MATHEWS J D, 1995. Generation of sporadic sodium layers via turbulent heating of the atmosphere［J］. Journal of atmospheric and terrestrial physics, 57(11): 1309-1319.